作品卷
COLLECTIONS
2012—2022

朱铁麟　主编

天津市建筑设计研究院有限公司  周年纪念

TIANJIN ARCHITECTURE DESIGN INSTITUTE CO.,LTD 70th ANNIVERSARY

天津大学出版社
TIANJIN UNIVERSITY PRESS

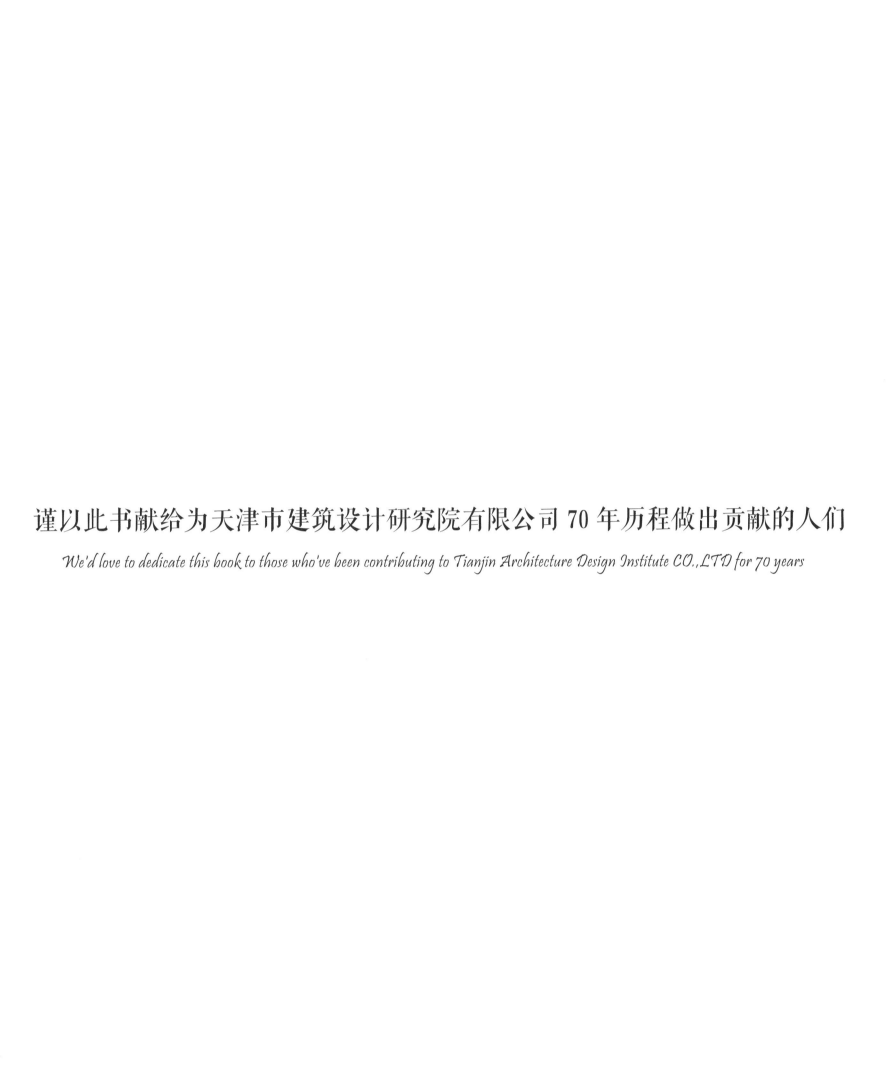

谨以此书献给为天津市建筑设计研究院有限公司 70 年历程做出贡献的人们

We'd love to dedicate this book to those who've been contributing to Tianjin Architecture Design Institute CO.,LTD for 70 years

序 / 品位 · 建筑

天津市建筑设计研究院有限公司(以下简称"天津建院")成立于1952年6月1日，至今已走过了 70 个春秋。作为天津市勘察设计队伍的中坚力量，天津建院曾完成了国家及天津市大批重点建设工程，许多经典建筑作品被载入史册，备受关注。

回首过去，从《天津市建筑设计院 60 周年作品卷》付梓至今又匆匆十载，今天，我们再次开启华章，续写辉煌。

十年辛苦不寻常！其间我们经历了"十二五"的大发展、"十三五"的稳中求进，并开启了在"十四五"开局之年对未来充满希望的新探索——"打造以设计为龙头的民用建筑全生命期集成化服务提供商""全面实施'两全'战略，打造天津建院全国品牌和集成化服务品牌""建设成为提供建筑全生命期集成化服务的科技型企业集团"。天津建院在总体战略规划基础上，制定了"以建筑师负责制为主导，以核心业务、支撑业务、关联业务为主干，积极培育种子业务发展"的业务战略布局和职能发展战略。未来之路，注定是不平凡之路！

十年来，天津建院全体职工紧随时代、团结奋进、求变创新。天津建院的建筑设计思想、创作理念持续创新；建筑作品亦别具风采、不拘一格。

十年来，在众多建筑类型中，天津建院都有优秀代表作品涌现，特别是在文化、医疗、教育、体育、商业、办公、酒店、居住建筑中均有不俗的作品呈现。

天津文化中心、天津滨海文化中心、国家海洋博物馆相继成为天津著名的地标建筑；南开大学新校区图书馆与综合业务楼、南开中学滨海生态城学校、新疆维吾尔自治区和田地区天津高级中学的设计新颖，有口皆碑；天津团泊体育中心应运而生，"飞碟"（天津体育馆）、"水滴"（天津奥林匹克体育中心）也在与时俱进中不断焕发新春；渤海银行业务综合楼、津湾广场在海河之滨熠熠生辉；万象城、天河城、SM 城市广场作为商业"巨无霸"，给城市带来无限商机与活力；水晶宫饭店、燕园国际大酒店、威斯汀酒店、悦榕庄酒店与万丽天津宾馆，各具特色，装点津城……在新冠肺炎疫情给社会经济发展带来持续影响的大背景下，天津建院克服重重困难，勇立潮头，逆行向前并不断延伸，拓展建筑设计新视角，在天津医科大学总医院、天津市第一中心医院、天津市第三中心医院、天津市胸科医院、天津市海河医院改造等建筑工程设计中，更加充分地观照城市的持续更新与未来发展。

作为设计者，天津建院始终坚持以人为本，在设计中匠心独运，将 70 载传承下来的精益求精、关注细节的设计传统融入一座座有品位的建筑之中，将这些作品奉献给我们的国家、奉献给我们的城市、奉献给我们的人民。

在天津建院成立 70 周年之际，我们对天津建院的优秀作品，特别是对近十年的重要作品进行了梳理总结，编纂成册以分享给读者。让我们沿着岁月的痕迹，探寻历史的文脉，传承记忆的光亮，再次踏上面向未来的创作之路。同时，我们期望读者在阅读本书时有所收获，能伴着建筑这个凝固的音符，用心感悟思想的声音。作为对百姓生活的忠诚守护者，让我们与读者共同礼赞新时代！

马华山

天津市建筑设计研究院有限公司 党委书记、董事长
2022 年 8 月

Preface: Appreciating Buildings

Founded in June 1, 1952, Tianjin Architecture Design Institute Co., Ltd. (TADI) boasts a history of 70 years. As the leader of Tianjin's survey and design industry, TADI has completed a large number of major construction projects at the national level and in Tianjin, with many classic architectures recorded in historical documents and receiving much attention.

A decade has passed since *Tianjin Architecture Design Institute 60th Anniversary Collections* was published. Today we are writing a new chapter for renewed splendor.

Over the past decade, we have made strenuous efforts along the way. During this period, we have made great development for the 12th Five-Year Plan and steady progress for the 13th Five-Year Plan, and started a new, hopeful exploration in the opening year of the 14th Five-Year Plan, that is, "to build an integrated service provider for the whole life cycle of civil buildings with design as the core business", "to fully implement the 'two comprehensive strategies' and to shape TADI into a national brand and an integrated service brand', and "to build a tech-based enterprise group providing integrated services for the whole life cycle of buildings". Based on its master strategic plan, TADI has developed a strategic business layout and functional development strategy of "following the architect-in-charge system, focusing on core business, supporting business, and related business, and actively cultivating seed business". The road ahead is bound to be an extraordinary one!

Over the last decade, all the staff members of TADI have moved forward with the times in unity and seeking changes and innovations. TADI keeps reinventing its architectural design ideas and concepts, creating architectural works with unique style and originality.

Over the decade, TADI has delivered outstanding works of various types, especially culture, medical, education, sports, commercial, office, hotel, and residential buildings.

Among those, Tianjin Cultural Center, Tianjin Binhai Cultural Center, and National Maritime Museum of China have become famous landmarks in Tianjin; the buildings of Nankai University, Tianjin Nankai High School, and Hetian Tianjin Senior High School feature novel designs and are well received; Tianjin Tuanbo Sports Center was built at the right time, Tianjin Sports Center ("Flying Saucer") and Tianjin Olympic Center Stadium ("Water Drop") are showing great vitality in the new era; China Bohai Bank Complex Building and Jin Wan Plaza are shining on the waterfront of the Haihe River; Mixc, TeeMall and SM City Plaza, as commercial "giants", bring infinite business opportunities and vitality to the city; Crystal Palace Hotel Tianjin, Yanyuan International Hotel, Westin Hotel, Banyan Tree Hotel, and Wanli Tianjin Hotel, each with its unique characteristics, add beauty to Tianjin. Despite the ongoing impact of the epidemic on social and economic development, TADI has overcome numerous difficulties and managed to lead the way, expanding new perspectives on architectural design. It is working to contribute to the city's sustained renewal and future development, as shown in the renovation projects of Tianjin Medical University General Hospital, Tianjin First Central Hospital, Tianjin Third Central Hospital, Tianjin Chest Hospital, and Tianjin Haihe Hospital.

As a designer, TADI follows a people-centered approach in its pursuit of excellent design. Its 70 years of craftsmanship and detail-featured design are mirrored in numerous premium buildings dedicated to the country, the city, and our people.

To celebrate its 70th anniversary, we have compiled a summary of the outstanding works of TADI, especially its important works during the last decade, and compiled them into a volume to share with readers. Built on what we have achieved during the past 70 years, let's embark on a new journey for better design. We also hope readers learn something from the book and hear the sound of ideas through solid buildings. As a loyal guardian of people's lives, let us salute the new era together with our readers!

Ma Huashan
The secretary of the party committee, Chairman of TADI
August 2022

序／ 在传承中创新

2022 年是天津建院（TADI）成立七十周年的庆典之年。回首过往，七十载岁月只是历史长河中的一朵浪花，它流淌着城市的建筑记忆。无论是对传承的抒情，还是对建筑作品的审视，天津建院几代建筑师用创作汇聚的关于城市七十载岁月的故事，承载着国有大院"史诗般"的责任与使命。沿着时间长河，TADI 确有许多值得回顾的流光溢彩的设计华章。

20 世纪五六十年代，建院之初，我们肩负使命，完成了第一代工人新村及团结里、友好里、德才里等居住区的设计，并陆续创作了第二工人文化宫、天津市人民体育馆、公安局办公楼、柳林疗养院、十月影院、八一礼堂、天津钢厂等大批公共与工业建筑。20 世纪 70 年代，TADI 不仅完成了天津南开中学周恩来纪念馆、友谊宾馆、工业展览馆等知名建筑的设计，特别还在 1976 年唐山大地震波及天津后，深入灾区为灾后重建做出可贵的贡献。

自改革开放到 20 世纪之末的 20 多年，TADI 展翅腾飞。1979 年 7 月，天津建院成为全国设计行业中第一批企业化试点单位。在大量完成保障民生的住区设计项目后，TADI 立足津门，面向国内外市场。在 20 世纪 80 年代相继完成了天津古文化街、食品街、旅馆街、服装街及拉萨剧院等项目，并与美国、新加坡等国家和地区合作设计了水晶宫饭店、天津喜来登大酒店、凯悦饭店、天津国展中心等项目，还承担了刚果黑角医院、苏丹成衣厂以及中国驻瑞典大使馆等涉外工程。在 20 世纪 90 年代，TADI 设计更趋成熟，既有景观环境俱佳的居住小区，也有极具时代特征的大型公共建筑，天津体育馆、天津市科技馆、平津战役纪念馆、周恩来邓颖超纪念馆、天津自然博物馆等"五大馆"就是明证，它们成为代表天津市 20 世纪 90 年代特色的标志性建筑。

进入 21 世纪以来，TADI 更不忘以传承城市文化为己任，立足以人为本的设计理念，创作出一座座记载着时代的丰碑，如天津数字电视大厦、天津迎宾馆、天津医科大学总医院、天津奥林匹克中心体育场、中新天津生态城服务中心、津湾广场、天津文化中心、天津滨海文化中心、国家海洋博物馆……

TADI 的优秀作品已被收录于《天津市建筑设计院 60 周年作品卷》中。如今，时光荏苒，又迎来壮丽的十年。我们在回顾七十年历史的同时，再将新十年的优秀作品汇集成卷，呈现给业界读者，也献给为天津建院 70 年历程而做出贡献的天津建院同人。在崭新序曲的回响中，我们将跨越作品与理念相结合绽放的光影，在传承之路上寻找设计的创新点；我们始终坚信天津建院新未来的发展定位，用创新赋能实现天津建院愿景的灿烂辉煌。

刘景樑

全国工程勘察设计大师、天津市建筑设计研究院有限公司　名誉院长
2022 年 8 月

Preface: Innovation in Inheritance

The year 2022 marks the 70th anniversary of the Tianjin Architecture Design Institute (TADI). If viewed from the perspective of historical evolution, 70 years are not a long time span but represent the architectural memories of an entire city. Be it passionate inheritance or architectural scrutiny, generations of TADI architects have created works that bear witness to the city's stories over 70 years, fulfilling the "epic" mission of the prestigious state-owned institute. Looking back on the past, TADI has prided itself on many magnificent and memorable architectural designs.

In the 1950s and 1960s when TADI was just established, we answered the national call and designed residential areas including the first-generation Workers' New Village, Tuanjieli, Youhaoli, and Decaili, as well as many public and industrial buildings such as the Second Workers' Cultural Palace, Tianjin People's Gymnasium, Public Security Bureau Office Building, Liulin Sanatorium, October Cinema, Bayi Auditorium, and Tianjin Steel Factory. In the 1970s, TADI not only designed famous buildings such as Zhou Enlai Memorial Hall of Tianjin Nankai Middle School, Friendship Hotel, and Industrial Exhibition Hall, but also made valuable contributions to the post-disaster reconstruction in 1976, as the Tangshan Earthquake took its toll on Tianjin.

The past 20 years from the introduction of the reform and opening up policy to the end of the 20th century have witnessed the rapid growth of TADI. In July 1979, TADI was selected as one of the first entities in the national design industry for pilot commercialization. After numerous residential design projects to safeguard people's livelihood, TADI embarked on a new journey targeting domestic and foreign markets. In the 1980s, TADI completed projects such as Tianjin Ancient Culture Street, Food Street, Hotel Street, Clothing Street, and Lhasa Theatre, and cooperated with the United States, Singapore, and other countries and regions in projects including Crystal Palace Hotel, Sheraton Tianjin Hotel, Hyatt Regency Tianjin East, and Tianjin International Exhibition Center. It also undertook international projects such as the Pointe-Noire Hospital in the Republic of the Congo, the Garment Factory in Sudan, and the Embassy of the People's Republic of China in Sweden. TADI's design matured in the 1990s. Among the projects of this period are both residential communities with excellent views and environments and large public buildings with salient characteristics of the times. The five buildings of Tianjin Gymnasium, Tianjin Science and Technology Museum, Peiping-Tianjin Campaign Memorial Museum, Memorial to Zhou Enlai and Deng Yingchao, and Tianjin Natural History Museum demonstrate TADI's excellent expertise. They have become landmarks representing the features of Tianjin in the 1990s.

Since the beginning of the 21st century, TADI has taken the inheritance of urban culture as its mission. Grounded on a people-oriented design concept, TADI has created various monuments of the times, such as Tianjin Digital TV Building, Tianjin Guest Hotel, Tianjin Medical University General Hospital, Tianjin Olympic Center Stadium, China-Singapore Tianjin Eco-City Service Center, Jinwan Square, Tianjin Cultural Center, Tianjin Binhai Cultural Center, and the National Maritime Museum of China.

TADI's remarkable works have been included in the *Tianjin Architecture Design Institute 60th Anniversary Collections*. Time flies. In the blink of an eye, another ten years of magnificence have passed by. In reminiscing about the past 70 years of TADI, we will also collect the outstanding works of the recent decade in a separate volume for readers in the industry, as well as the colleagues who have contributed to the development of 70-year-old TADI. In the echo of the brand-new prelude, we will transcend the integration of works and concepts and seek innovation in design while insisting on inheritance. With firm faith in TADI's development orientation of a new future, we will focus on innovation to empower the realization of TADI's brilliant future.

Liu Jingliang
National master of engineering survey and design, Honorary dean of TADI
August 2022

目录 | CONTENTS

综述 | SUMMARIZATION

精思巧构　守正筑新

Designing Buildings with Craftsmanship and Creativity

—— 纪念天津市建筑设计研究院有限公司成立 70 周年（1952—2022 年）作品卷综述

— A Summary of the Works Volume of Tianjin Architecture Design Institute Co. Ltd for Its 70th Anniversary (1952—2022)

1. 引言

不同行业留存记忆的方式是不同的，建筑作品以得天独厚的形式坚固地凝结着从业者的理想和努力。回首天津建院走过的 70 年，我们会发现天津建院的建筑创作实践与民族历史同脉动、与城乡建设同发展、与设计思潮共起伏、与技术创新共进步。天津建院的创作发展历程可以作为中国当代建筑史的一个缩影，从《天津市建筑设计院 60 周年作品卷》出版至今，我们又经十载历练，在 70 周年院庆之际再次对近十年的优秀作品予以辑录，以此记录传承与创新的探索之路，从中捡拾关于时代、关于城市、关于集体、关于自我的记忆。

2. 创作历程

天津和北京相连，与渤海为邻，海河、京杭大运河、港口码头和漕运要素成为它最直观的文化符号。天津作为近代中国最早开埠的北方中心城市，各种建筑文化思潮较早涌入并落地：拥有"万国建筑博览苑"之称的、迄今在中国保留最完整的"五大道"洋楼建筑群；拥有具有百年历史的、体现原汁原味意大利特色的建筑群"意式风情区"；还拥有具有"东方华尔街"美誉的"解放北路

1. Preface

Different industries leave their marks in different ways, and architectural works exist in a unique form that crystallizes the ideals and efforts of their architects. Looking back on the past 70 years, we can see that the design works of Tianjin Architecture Design Institute (TADI or the Institute) echo the pulse of the times, urban-rural development, modern design ideas, and technical progress. The design journey of TADI can be viewed as a microcosm of the history of contemporary Chinese architecture. A decade after the publication of our *Tianjin Architecture Design Institute 60th Anniversary Collections*, we have selected outstanding works over the past decade to honor TADI's 70th anniversary, to record its path of heritage and innovation, and recall our memories of the times, cities, the collective, and selves.

2. Heritage

Tianjin is connected to Beijing and adjacent to the Bohai Sea, with the Haihe River, the Beijing-Hangzhou Grand Canal, port terminals, and canal elements as its most visible cultural symbols. As the first northern city in modern China to open up to the outside world, Tianjin witnessed an early influx of various architectural and cultural trends that blossomed here: in Tianjin you can find "Five Avenues", which is home to the most well-preserved western building complex in China to date and billed as "World Architecture Expo"; the "Italian-style District" featuring centuries-old buildings that embody the

关颂坚　　　　　　虞福京　　　　　　董大酉

金融街"……天津城市的建筑风格逐渐形成了中西合璧、古今交融、多元共存的独特风貌。风格迥异的建筑使其与国内其他城市相比，更丰富、更多变、更活泼，也为当代的建筑创作奠定了文化底蕴。为此，中国近代最早的本土建筑事务所[1]、规模最大也最重要的中国本土建筑事务所都是在天津创办的。1952年，天津建院（时称"天津市建筑设计公司"）即是在天津这片建筑文化的沃土上诞生的。组建之初，公司有基泰工程司[2]合伙人关颂坚总建筑师丰富经验的注入[3]，又有虞福京[4]先生设计才思的悉力发挥，天津建院以在全国都具有代表性和影响力的"三大工程"开启了此后70年的创作征程。1958年，天津建

original Italian characteristics; and the "North Jiefang Road Financial Street" with the repute of "Eastern Wall Street". In Tianjin, the overall architectural style features a unique combination of western and Chinese culture and a mix of heritage and modernity. Compared with other domestic cities, different styles of architecture have enriched the image of Tianjin and added vitality to it, laying a cultural basis for the creation of modern buildings. Therefore, the earliest Chinese architecture firm , which is also the largest and most important Chinese architecture firm in modern times , was founded in Tianjin. In 1952, Tianjin Architecture Design Institute (then called "Tianjin Architectural Design Company") was established in Tianjin which has favorable environment of architectural culture. At its inception, TADI boasted two talented professionals: Chief Architect Guan

---

1. 天津华信工程司，由沈理源于 1918 年创办。

2. 天津基泰工程司，1920 年由关颂声（1892—1960 年）创办，主要合伙人朱彬、杨廷宝、杨宽麟、关颂坚先后加入。公司在当时与上海华盖建筑事务所齐列行业顶尖，号称"南华盖，北基泰"。1927 年公司南迁，扩股后更名为"基泰工程司"，平津地区的事务由关颂坚、杨廷宝负责，1937 年后，只有关颂坚留守天津。1941 年，基泰工程司天津事务所与北平事务所合并成华北基泰工程司，由张镈执掌。1948 年底，华北基泰工程司事务所终结。

3. 中华人民共和国成立后，关颂坚（1900—1972 年）成立关颂坚建筑师事务所，后与大地、华盛及华信工程司联合成立天津市工人合作建筑公司，1952 年 8 月公司并入天津市建筑设计公司，关颂坚任公司总建筑师。

4. 虞福京（1923—2007 年）1945 年于天津工商大学建筑系毕业后，进入华北基泰工程司工作，并成为事务所的主创建筑师。1949 年他登记注册唯思奇工程司，该司于 1952 年 6 月在天津市建筑设计公司成立时合入。

---

1. Tianjin Huaxin Engineering Division was founded by Shen Liyuan in 1918.

2. Kwan, Chu and Yang Architects was founded by Guan Songsheng (1892-1960) in 1920, with Zhu Bin, Yang Tingbao, Yang Kuanlin, and Guan Songjian as main partners. The company ranked top in the industry at that time together with Allied Architects in Shanghai, known as "Allied Architects in the south, Kwan, Chu and Yang Architects in the north". The company was relocated to the south in 1927 and renamed from "天津基泰工程司 (Tianjin Kwan, Chu and Yang Architects) " to " 基泰工程司 (Kwan, Chu and Yang Architects)" after increasing stock. The business in Peiping (today's Beijing) and Tianjin was charged by Guan Songjian and Yang Tingbao. After 1937, only Guang Songjian stays in Tianjin. In 1941, its Tianjin Office and Peiping Office were incorporated into Kwan, Chu and Yang Architects North China, headed by Zhang Bo. In the end of 1948, Kwan, Chu and Yang Architects North China was closed.

3. After the founding of the People's Republic of China, Guan Songjian (1900-1972) established Guan Songjian Architects, which was established Tianjin Workers Cooperative Construction Company with Dadi, Huasheng and Huaxin Engineering Division, and was incorporated into Tianjin Architectural Design Company in August 1952, with Guan Songjian as chief architect.

4. After graduating from the Department of Architecture, Tientsin Kung Shang College in 1945, Yu Fujing (1923-2007) joined Kwan, Chu and Yang Architects North China and became a lead architect. In 1949, he registered Weisiqi Engineering Division, which was incorporated into Tianjin Architectural Design Company in June 1952 when the latter was founded.

天津市建筑师联合学习组思想改造胜利结束纪念 一九五二年五月二十八日

缪俊琪、林世保、孙松年、周艮良、王桂邱、虞福京、栗培英、王景山、王敦融、张秉真、丁萝福、翟伯年、王天纵、邓万雄、雷懋乾
张广华、邹象贤、金建午、＊＊＊、黄东生、王文焕、刘文彩、徐宝桢、李春光、王其昌、马增昭、季旭东、黄士斌、张子久、陈淑琴、王雅元、刘秀卿
郭锦堂、关颂坚、袁芝纲、＊＊＊、李绍鹰、于达瑞、＊＊＊、张守静、＊＊＊、＊＊＊、＊＊＊、＊＊＊、＊＊＊、魏建英、张家臣
魏振容、张家驹、张晓义、＊＊＊、孙家芳、袁庆书、杨 域、王承训、毕仲良、任育光、穆鸿飞、刘士祯、袁玉书、林 骏

天津市建筑师联合学习组思想改造胜利结束纪念照片（1952 年 5 月 28 日）

院又融入了董大酉先生在津期间的建筑实践血脉[5]……天津建院在中华人民共和国成立后完成的多项建筑设计作品已被列入"中国 20 世纪建筑遗产名录"[6]，时至 21 世纪的今天，天津建院人继续秉承着因地制宜、开放多元、与时俱进、兼容并蓄的创作理念，精思巧构，守正筑新，用自己的心血和汗水在中国城市发展的各个阶段留下坚实的足迹，用一座座伫立大地之上的建筑回应着每一个时代提出的创作命题。

1）初心重任：对社会主义新的建筑形式的回应与探索（1952—1977 年）

中华人民共和国成立之初，百废待兴。面对基础设施不敷需求的窘境，也为了展示新中国的新形象、新面貌，天津建院的第一代建筑师以"民族的形式，社会主义的内容"为设计指导思想，对现代建筑结合民族传统做出了本土化探索。这些作品在形制、材料以及与周边环境相协调等很多方面体现出天津地域建筑的风格，代表了中华人民共和国成立初期天津的建筑特征和风范。

对于保存至今的天津解放后建设的"三大工程"——天津市第二工人文化宫剧场（1952—1954 年）、天津公安局办公楼（1953 年）和天津市人民体育馆（1954 年），天津建院在建筑性格把握和体形、立面、装饰细部处理上都做到了用心推敲，显示出老一辈建筑师深厚的设计功底和专心致志的创作态度。其中，天津市人民体育馆作为新中国首批兴建的体育设施，规模在当时位列亚洲第二。南开大学主教学楼（1959—1961 年）是当时天津建院全面学习苏联的典型代表，其严肃庄重、高大气派的校园主楼形象，为南开大学留下那个时代的鲜明印记。北京中央档案馆（1956—1958 年）、天津干部俱乐部剧场（1969—

Songjian, which was also the partner of Kwan , Chu and Yang Architects and was renowned for rich expertise; and ingenious Mr. Yu Fujing . As such, TADI embarked on a journey of 70 years by launching "Three Major Projects" which are representative and influential even across the country. In 1958, TADI drew strength from Mr. Dong Dayou's architectural practices during his stay in Tianjin . A number of design works of TADI since the founding of the People's Republic of China have been included in the "Architectural Heritage List of China in the 20th Century" . In the new century, its architects still embrace the philosophy of designing buildings based on local conditions and following an open, inclusive approach to pursue diversity and ingenious creation and stay relevant. With strenuous efforts, they have left solid footprints in cities across China during each development stage, responding to the call of the times with buildings erecting on the vast land.

1) Original aspiration: exploring new building forms for the socialist country (1952-1977)

Many things waited to be done after the founding of the People's Republic of China back in 1949. To address the shortage of infrastructure and shape a new image of the new country, the first-generation architects of TADI followed the guideline of "expressing socialist content with a national style" to combine modern buildings with national tradition. Their design works during this period embodied the architectural styles of Tianjin in terms of shape and structure, materials, and harmony with the surrounding environment, mirroring the features and styles of architecture in Tianjin in the early years after the founding of the new China.

The "Three Major Projects", i.e., Tianjin Second Workers' Cultural Palace Theater (1952-1954), the Office Building of Tianjin Municipal Public Security Bureau (1953), and Tianjin People's Stadium (1954), showcase the Institute's well-balanced approach toward the character, shape, facade, and detailed decoration of the buildings, showing the strong expertise and dedication of the older generation of architects. Among those, Tianjin

---

5. 1956 年，天津市建筑设计公司大部分工程技术人员划归国家城市建设部，在津成立城市住宅与公共建筑设计院，1958 年与城市建设部天津民用建筑设计院合并为建筑工程部天津工业建筑设计院，后几经组织机构调整，1969 年，设计院土建专业部分人员并回天津市建筑设计院。董大酉（1899—1973 年）于 1957 年任城市建设部天津民用建筑设计院总工程师，1958 年任建筑工程部天津工业建筑设计院总工程师，1963 年赴任浙江省工业建筑设计院总工程师。

6. 详见本书附录。

---

5. In 1956, most of the engineers and technicians of Tianjin Architectural Design Company were transferred to the former Ministry of Urban Construction, and the Urban Housing and Public Building Design Institute was established in Tianjin. In 1958, the Urban Housing and Public Building Design Institute merged with the Tianjin Civil Building Design Institute of the Ministry of Urban Construction to become the Tianjin Industrial Building Design Institute of the Ministry of Construction and Engineering. After several organizational adjustments, in 1969, some of the Tianjin Industrial Building Design Institute's civil construction professionals were transferred back to the Tianjin Architecture Design Institute. Dong Dayou (1899-1973) acted as chief engineer at Tianjin Civil Building Design Institute of the Ministry of Urban Construction in 1957, chief engineer at Tianjin Industrial Building Design Institute of the Ministry of Construction and Engineering in 1958, and then chief engineer of Zhejiang Industrial Building Design Institute in 1963.

6. See the appendix of this book for details.

天津市人民体育馆

天津市第二工人文化宫

1971 年）则通过折中主义设计手法，将民族传统建筑元素富有结构逻辑地与新时代的功能要求和建造技术相结合，对"传统与现代如何结合"这一关于建筑的百年课题做出了富有时代性的回答。这些作品成为在创作中继承传统、又从有形的设计元素中跳跃出来的典范。

1953 年，第一个五年计划的制定开启了中国实现工业化道路的征程，建设活动在满足群众生活需求的同时，更要满足愈发迫切的工业生产需求。作为近代中国工业发祥地之一，天津在新中国的工业体系中继续扮演着重要角色，开创了中国工业史上很多的"第一次"，也因此，天津建院从未在国家这一艰苦历史阶段的建设工作中缺席。

南开大学主楼

从 20 世纪五六十年代的天津手表厂、合成纤维厂、北仓工业区等到 70 年代的重型机械厂、锻压机床厂……在那个完全靠设计师手绘图纸、没有计算机进行结构计算的年代，天津建院做出了很多建筑精品，如为天津钢厂车间设计的双层荷载天车结构（1975 年）成为当时的天津市之最。天津建院的工业建筑设计范围涵盖了轻纺、电子、医药、食品、建材、机械、仓储等诸多领域，建院人在天津众多重要的工业建设项目中输送着天津智慧和力量，尽力满足各类型工业领域的专业设计诉求。

People's Stadium, which was among the first sports facilities since the founding of the People's Republic of China, ranked second in Asia in terms of size back then. The main teaching building of Nankai University (1959-1961) epitomized the Institute's efforts of learning from the Soviet Union in an all-around way. The solemn, towering, and gorgeous building is a clearcut mark of that age left in Nankai University. The State Archives Administration in Beijing (1956-1958) and Tianjin Cadre Club Theater (1969-1971) feature an eclectic design technique, combining China's traditional architectural elements with functional requirements and building techniques, answering the century-old question of how to balance heritage and modernity in architecture. Those buildings are models of

天津手表厂

天津钢厂

2）开放多元：改革开放推动中的回归与突破（1978—1999 年）

"十年动乱"结束，建筑设计发展回归正常。社会基本建设投资体制的变化以及土地市场的建立，使建筑需求趋于多元化：建筑设计不再仅仅满足国家宏观发展的需要，而是变得更加贴近社会、贴近生活，新型现代住区、超高层建筑、大型现代商业设施、大型现代交通枢纽等新的建筑类型的大量出现，表现出经济和精神同步复兴过程中的城市居民对美好生活的向往，激励着建筑师更多地运用现代建筑语言探索时代精神。

体院北居住区（1980—1988 年）是 1976 年唐山大地震波及天津后被建造的。在那个资金严重匮乏的年代，它没有被建成那种造价低廉的解困型楼房，而是厨卫齐全、配有阳台和中厅的现代化住宅，符合当时人们对幸福居所的基本想象。这从一定意义上体现了建筑师以人民为主体的设计追求。在没有相关建筑设计规范的条件下，天津交易大厦（1982 年）成为天津市第一座由国人设计、全部采用国产材料建成的超高层建筑。对民生商业设施"三街"（1985—1986 年，天津古文化街、南市食品街和旅馆街）的快速建设，让我们开始思考这个从三岔河口孕育而生的城市所具有的独特精神，思考藏匿于建筑外部形态之内的文化内涵，使其整体上体现出天津南市地区的传统建筑特点，其设计

inheriting tradition while transcending beyond tangible design elements.

In 1953, China embarked on the road of industrialization by launching the first five-year plan, seeking to meet the ever-urgent demands for industrial production while ensuring the people's livelihood. An origin of modern Chinese industry, Tianjin continued to play a vital role in building an industrial system in the new China and has achieved many "firsts" in China's industrial history. As such, TADI contributed greatly to the country during the tough historical period.

Its works included: Tianjin Watch Factory, Synthetic Fibre Plant, and Beicang Industrial Zone in the 1950s-1960s, and Heavy Machinery Plant and Forging Machine Tool Factory in the 1970s. In the time when architects had to draw with their hands and make structural calculations in the absence of computers, TADI created a number of quality buildings, such as the double-load simply supported box girder workshop crane structure (1975) designed for Tianjin Steel Mill. The industrial building design of TADI covered light textiles, electronics, medicine, food, building materials, machinery, storage, and many other fields. It offered wisdom and strength for many major industrial projects in Tianjin and spared no efforts to meet the specialized demands of various industrial fields.

2) Diversified opening up: recovery and breakthroughs amid the reform and opening up (1978-1999)

After the 1966-1976 Cultural Revolution, the development of architectural design

理念与国人的寻根趋势相呼应。天津铁路新客站工程（1987—1988年）成为当时全国范围内铁路交通建设最理想的人流组织形式，使人们对有着百年历史的老龙头火车站展开无尽联想，由邓小平同志题写的"天津站"三个字至今仍熠熠生辉；天津机场（1989—1990年）舒展双翼、腾空欲飞的姿态，充分展示着天津与时代同行的充满生机和活力的城市精神……

began to return to normal. Changes in the basic social development and investment system and the establishment of the land market generated diversified needs in architecture: architectural design no longer only served the needs of the state's macro development, but also the needs of the public in their livelihood. The surge of new modern neighborhoods, super-high buildings, large modern business facilities, large modern transportation hubs, and other new structures showed the aspiration of urban residents, who were undergoing a revival both economically and spiritually, for a better

古文化街

天津站

天津机场

对外开放给建筑行业带来的另一个标志性变化是境外建筑师进入中国。这让天津建院以合作方式完成了一批重要的建筑，如水晶宫饭店（1985—1987 年）、天津喜来登大酒店（1987 年）、天津国展中心（1989 年）作为改革开放和引进外国先进设计理念的重要代表作品，成为天津当时象征对外开放的坐标。

进入 20 世纪 90 年代，在积极学习并吸纳国外先进建筑理论与方法的同时，天津建院从空间形式、结构体系、新技术、新材料等多维度展开创新性的大胆探索，对建筑进行本土的表达。作为我国第一座可供国际室内田径比赛的场馆——天津体育馆（1992—1995 年）在体现本地域文化传承的基础上，更加关注建筑本体空间的创新与塑造；天津科学技术馆（1992—1994 年）在国内首创跨度 72 米的横向加劲组合悬索结构体系；平津战役纪念馆（1995—1997 年）为国内博物馆建筑开创了一种在当时崭新的高科技多维展示观演方式；周恩来邓颖超纪念馆（1996—1997 年）表达着新乡土主义的风格印记；天津市第二南开中学（1999—2001 年）展现出严谨质朴又积极现代的名校风貌……

life, encouraging architects to explore the spirit of the times more in modern architecture.

North Tiyuan Neighborhood (1980-1988) was rebuilt after the Tangshan Earthquake in 1976. In a time of severe shortage of funds, rather than built into cheap buildings for subsistence, the neighborhood is a modern compound well-equipped with kitchens, bathrooms, balconies, and lobbies, fitting people's imagination of an ideal home back then. It shows the people-centered approach of the architects. With the absence of related building design codes, Tianjin Exchange Building (1982) became the first super-high building in Tianjin designed by the Chinese and built with homemade construction materials. The fast building of "Three Streets" (1985-1986) for life commerce: Tianjin Ancient Culture Street, Nanshi Food Street, and Hotel Street, prompted us to reflect on the unique spirit of this city birthed from the Sancha River Estuary and the cultural significance hidden in the buildings. Those buildings generally feature the traditional architectural characteristics of Tianjin's Nanshi area, with a design concept echoing the Chinese mindset of searching for one's roots. The Tianjin New Railway Passenger Station (1987-1988) project became an ideal form of human flow management for railway construction nationwide back then, conjuring up the image of the century-old Lalongtou Railway Station (today's Tianjin Railway Station). The characters "Tianjin Zhan" (Tianjin

水晶宫饭店

天津国展中心

天津体育馆

周恩来邓颖超纪念馆

天津市第二南开中学

平津战役纪念馆

3）笃行不怠：国际化浪潮中的持守与突围（2000—2012 年）

随着中国加入世界贸易组织（WTO），建筑设计市场迎来高速发展期。在我们还来不及思考是否已走向世界时，中国建筑市场在内力与外力的共同作用下进入了全球化时代，本土建筑师面临着前所未有的挑战——许多标志性建筑工程通常要求有外方参与，本土设计师必须委托国际知名设计公司或与境外公司组成联合体才能拥有资格。在这种不利的市场环境下，天津建院的建筑师们一方面作为合作伙伴对境外建筑师的理念和创意进行完善深化，并从中不断学习；另一方面在强手如云的竞争中笃行不怠，边拓宽国际视野，边提升自身能力和水平。这一阶段天津建院的建筑设计更加注重理念创新和对新技术、新工艺、新材料的应用，产生了一批有水准、技术新、人性化的公共建筑作品。

天津博物馆（2001—2002 年，现更名为天津自然博物馆）在国内首次采用弦支网架结构，将天鹅造型与内部空间有机统一，塑造出极具浪漫气息的津城文化地标；天津奥林匹克中心体育场（2002—2007 年）作为 2008 年奥运会比

Station) inscribed by Deng Xiaoping still shine today. Tianjin Binhai International Airport (1989–1990), with stretched wings and a stance of taking off, displays the vigor and vitality of Tianjin.

Enabled by opening up, another symbolic change in the architecture industry is the entry of foreign architects into China. This allowed TADI to complete a number of important buildings in a collaborative manner, such as the Crystal Palace Hotel Tianjin (1985–1987), Sheraton Tianjin Hotel (1987), and Tianjin International Exhibition Center (1989). They are representative works showcasing the results of reform and opening up and the introduction of advanced foreign design concepts, becoming landmarks of Tianjin mirroring its opening up.

In the 1990s, while learning foreign advanced architectural theories and techniques, TADI started to explore innovative architectural expression from perspectives like spatial form, structural system, new technology, and new materials. As the first venue for international indoor track and field competitions in China, Tianjin Sports Center (1992–1995) focuses more on the innovation and shaping of the building space while integrating the local cultural heritage; Tianjin Science and Technology Museum (1992–1994) features China's first transverse stiffened combination suspension structural system with a span of 72m;

天津自然博物馆

天津奥林匹克中心体育场

天津梅江会展中心

The Pingjin Campaign Memorial Hall (1995-1997) pioneered a new high-tech multi-dimensional display and viewing method for domestic museum buildings at that time; Zhou Enlai and Deng Yingchao Memorial Hall (1996-1997) features the stylistic imprint of the new vernacularism; Tianjin No. 2 Nankai Middle School (1999-2001) shows the style of a prestigious school that is rigorous, simple and yet active and modern.

3) Dedication and breakthroughs amid the wave of internationalization (2000-2012)

As China joined the World Trade Organization (WTO), the architectural design market ushered in a period of rapid development. Before we even have time to think about whether we have gone global, the Chinese architectural market entered the era of globalization under a confluence of internal and external forces. As such, local architects faced unprecedented challenges: for many landmark architectural projects, it was often necessary to commission internationally renowned design firms or to form a consortium with an offshore firm in order to have qualifications. In such an unfavorable market environment, the architects of TADI, on the one hand, acted as partners to refine the concepts and ideas of foreign architects and learned from them continuously; on the other hand, they tried their best to broaden their global vision and improve their abilities while competing with tough peers. During this period, the architectural design of TADI placed more emphasis on conceptual innovation and the application of new technologies, new processes, and new materials, resulting in a number of public architectural works of a high standard, new techniques, and user-friendliness.

Tianjin Museum (2001-2002, now renamed "Tianjin Natural History Museum"), pioneered the use of string-supported grid structures in China to combine the swan shape with the interior space, generating a highly romantic cultural landmark; Tianjin Olympic Center Stadium (2002-2007), as a venue for the 2008 Olympic Games, has a light shape of "water drop" and a unique style, featuring the harmony of ecology, culture, technology, and Olympic Philosophy; Zhonghua Theatre (2004-2006) is the first professional Peking Opera theatre in China with "no sound reinforcement" by ingeniously using theatre acoustics optimization methods; in designing the Tianjin Digital TV Building (2005-2009), TADI developed a four-barrel steel link beam structure and created an innovative double helix green space to achieve the "unity of technique and art" in the production and broadcasting space; Meijiang Convention and Exhibition Center (2005-2012), as the permanent venue of the international "Summer Davos Forum", hosts important large-scale conferences and comprehensive exhibitions for domestic and foreign organizors all year around, existing as an intelligent and modern high-end service platform for regional economic development; Tianjin Cultural Center (2008-2012) serves a "city living room" bearing functions such as culture, business and leisure, making the area a vibrant new "city center"; the Public Housing Exhibition Center of the China-Singapore Tianjin Eco-city (2010-2012) aims at the virtuous interaction between design and research, becoming

赛场馆之一，形态轻盈、气质清新，成为集生态、人文、科技、奥运理念于一体的城市"水滴"；中华剧院（2004—2006 年）巧妙运用剧场声学优化方法，成为国内首个"无扩声演出"的专业京剧剧场；在天津数字电视大厦（2005—2009 年）项目中，天津建院研发四筒钢连梁结构，创新地设计出双螺旋绿色空间，实现了制播空间的"技艺合一"；天津梅江会展中心（2005—2012 年）作为国际"夏季达沃斯论坛"的永久性场馆，不间断地承载着国内外重要的大型会议和综合展览，为地区经济发展搭建出智能、现代的高端服务平台；天津文化中心（2008—2012 年）成为承载文化、商务、休闲等多元功能的"城市客厅"，使所在区域成了生机勃勃的新"城市中心"；中新天津生态城公屋展示中心（2010—2012 年）则着力于设计与科研互动的良性循环，成为天津市第一座零能耗建筑⋯⋯

在此期间，天津城市建设步入一个个高潮：2003 年，海河两岸综合开发工程全面启动；2005 年，滨海新区被写入国家"十一五"规划并被纳入国家发展战略，成为国家重点支持开发的国家级新区⋯⋯新的历史机遇也给城市建设者

天津意式风貌区

提出了新的时代课题：如何在中心城区既有的十分敏感的历史文脉和环境中激发区域活力；如何在新区推进创新型试点城区建设又不失天津地方特色……在这类项目的创作中我们需要回答：城市特色的发展就是延续地方性历史建筑的风格吗？城市的文脉就是城市中历史建筑的形式吗？如何在城市的大环境中扮演贴切妥当的角色，又能做到积极的"和而不同"？当代的新城如何面对特色和文脉的话题？带着这些对物质和文化、历史与城市、城市化与个体化关联性的思考与关注，天津建院的建筑师积极投身到天津这一阶段的城市大发展中，通过设计从历史定位和路径选取上演绎城市建设之"新"。

天津意式风貌建筑保护规划（2006 年）充分把握了该区域作为浓缩天津近代

the first zero-energy building in Tianjin.

During this period, Tianjin witnessed a construction spree: in 2003, the comprehensive development project on both sides of the Haihe River was launched; in 2005, the Binhai New Area was included in the national 11th Five-Year Plan and was incorporated into the national development strategy, becoming a national new area with state support. The new historical opportunity also poses a new challenge to urban builders: how to stimulate regional vitality in central cities with sensitive historical heritage and environment; how to promote the building of innovative pilot urban areas in new areas without losing the local characteristics of Tianjin. In developing such projects, we have to answer those questions: Is the development of urban character the continuation of local historical architecture? Is the cultural heritage of a city just the form of historical buildings in the city? How can we play a proper role in the urban environment to create harmony without uniformity? How

津湾广场

渤海银行业务综合楼

天津近代工业博物馆

历史发展重要片段和不可再生城市资源的特性，积极探索了保护与发展之间的关系，使这片区域重新成为能够接纳现代城市功能的容器；津湾广场（2008—2009年）在塑造区域空间环境景观、融合天津地域文化与文化商业地产方面做出了有益尝试；海信广场（2006年，高207 m）、天津嘉里中心（2008年，高333 m）、渤海银行业务综合楼（2009年，高270 m）、远洋大厦（2009年，高218 m）等多座建筑，成为海河沿岸的重要地标，不仅代表着天津建院在超高层建筑设计领域的综合实力，更代表着其对新技术的求索精神；天津近代工业博物馆（2005年）、天津市新文化中心（2008—2012年，现海河悦榕庄酒店、白金湾广场）作为沿河主题性节点已融入海河丰富且层次分明的城市形象构架中……滨海国际会展中心（2003—2008年）、国际贸易与航运服务中心（2004—2005年）、天津港企业文化中心（2005—2008年）、滨海文化商务中心（2010年）的建成，都助力着具有国际航运和国家级物流枢纽功能的滨海新区成为北方对外开放的门户……

4）戮力同心：新时代脉动下的实践与进击（2013—2022年）

实践让我们明白，建筑获得不断创新发展的动力来自两个方面：一个是理念的创新，另一个是技术的创新。作为大型国有建筑设计单位，天津建院始终强化"设计作为生产力"的核心作用。十年间，天津建院积极跟进国家战略，努力投身

should a modern city approach the topic of balancing character and heritage? With these thoughts and concerns about the correlation between matter and culture, history and city, urbanization and individuality, the architects of TADI actively engaged in Tianjin's urban development at this stage, interpreting "new" urban construction through design from the perspective of historical orientation and path selection.

In planning the protection of Italian-style buildings (2006) in Tianjin, the architects had a full understanding of the region's role in recording an important historical period of the city and its features as non-renewable urban resources and explored how to balance preservation and development, to make this region continue to accommodate modern urban functions; the Jinwan Plaza project (2008-2009) made a meaningful attempt in shaping regional spatial environment and landscape and integrating Tianjin's regional culture with its cultural commercial real estate; many buildings such as Hisense Plaza (207m high in 2006), Tianjin Kerry Centre (333m high in 2008), Bohai Bank Headquarters (270m high in 2009) and Sino-Ocean Tower (218m high in 2009) have become important landmarks along the Haihe River, symbolizing not only the overall strength of TADI in the field of ultra-high-rise architectural design but also its spirit of pursuing new techniques; Tianjin Modern Industry Museum (2005) and Tianjin New Culture Center (2008-2012, now Banyan Tree Tianjin Riverside Hotel and Platinum Bay Plaza) have been integrated into the rich and layered urban image framework of the Haihe River as thematic sites along the river. Binhai International Convention and Exhibition Center (2003-2008), Tianjin International Trade and Shipping Service Center (2004-2005), Tianjin Port Corporate Culture Center (2005-2008), and Binhai Cultural and Business Center (2010) have all contributed to making Binhai New Area, with its international shipping and national

各地区的城市建设，并更加注重对城市环境、人文关怀、人性化设计等方面的思考，倾力提升城市生活；在数字技术应用、绿色理念实践、全过程工程咨询服务等方面不断推进，为创新创作赋能，天津建院各个业务板块的同志们戮力同心，持续投入勤勉与创新，提升综合能力建设水平，确保了一批优秀作品的问世。

·与国家战略同行，拓展新市场

在"一带一路"倡议以及西部大开发、京津冀一体化等国家战略的指引下，天津建院树立了长远的发展目标，聚焦重点区域，积极拓展外埠市场，结合自身技术特长与优势资源，积极投身到国家重点工程的建设中。

新疆霍尔果斯口岸南部联检区及通道建设项目（2018 年）探索并实现国内首例"大通关"模式，为加快形成亚欧国际物流商旅集散地提供了支撑，成为"一带一路"上具有"标志性、文化性、地域性"的口岸建筑；甘南藏族自治州博物馆、甘南东山全民健身中心运用现代的设计手法体现甘南藏族文化的传统特色，将"西部大开发"的国家战略通过地域化的设计表达落实到文化层面；京津冀协同发展新动能引育创新平台（2020 年，在建）作为疏解北京非首都功能、建设协同发展示范区工程，全力打造引育北京高新技术企业落户天津高新区的承接平台……

同时，天津建院积极推动新兴外埠市场的拓展，参与国家新区、特区建设，在雄安新区、长三角、珠三角等地区相继中标并完成了一批重点设计项目，其中包括雄安新区雄安站枢纽片区城市设计、浙江嘉兴南湖（纪念馆）中轴线城市设计、江苏南京浦口城南片区文化综合体设计、广州市信息技术职业学校迁建工程、海南兴隆希尔顿逸林滨湖度假酒店（2014—2018 年）设计等。

·与城市发展同行，助力新生活

无论是恢宏巨构还是细微节点，天津建院在回应时代命题时，强化大事件与社会责任的连接，与天津城市共筑、共生、共融，用"以人为本"的设计守护并助力着人们的城市生活。无论是文化体育、教育医疗还是商业居住项目，在一

甘南藏族自治州博物馆

logistics hub functions, the gateway to opening up the north China to the outside world.

4) Making concerted efforts to forge ahead in the new era (2013-2022)

We learned from practice that the innovative development of architecture is driven by two factors: innovation in concept and innovation in technology. As a large state-owned architectural design institution, TADI has always strengthened the core role of "design as productivity". Over the past decade, TADI has been actively responding to national strategies and engaged in city building across the country while focusing more on urban environment, culture, and people-centered design to enhance urban lifestyle; it has been committed to the use of digital technology, the practice of green concept, and whole process engineering consulting services, to empower innovation and creation. The staff members of all business units have been dedicated to innovation to enhance overall design capabilities, creating a number of outstanding works.

· Expand new markets by getting in sync with state strategies

Guided by the Belt and Road Initiative, the Western Region Development, the coordinated development of Beijing, Tianjin, and Hebei, and other state strategies, TADI has defined long-term development goals. Focusing on major areas, it has been expanding markets outside Tianjin and engaged in the construction of the state's key projects based on its expertise and competitive resources.

个个特定的作品里，业界与社会都能够感受到它们共同释放出的"助力新生活"的设计目标与责任担当。

天津团泊体育中心（2011—2017 年）在保障第十三届全运会赛事顺利开展并满足竞技、训练、科研等专业需求的同时，更为市民提供了舒适健康、集约生态的体育锻炼环境；天津电视台梅地亚艺术中心（2012—2017 年）内外空间交错流动，人工、自然景观交相辉映，成为区域活力中心与城市客厅；天津滨海文化中心（2014—2018 年）集艺术展示、城市公园、图书阅览、文化活动等多种功能于一体，打造出新的文化"航母"；南开中学滨海生态城学校（2012—2017 年）作为中心城区百年老校的延续，将南开精神通过历史感的表达融入新区校园的每个角落；天河城购物中心（2013—2016 年）充分利用以公共交

Xinjiang Horgos Port Southern Joint Inspection Area and Channel Construction Project (2018) pioneered the "Grand Customs Clearance" model in China, supporting the formation of an international logistics and business distribution center in Asia and Europe and becoming a "landmark, cultural and regional" port along the "Belt and Road"; Gannan Tibetan Autonomous Prefecture Museum (Science and Technology Museum) and Gannan Dongshan People's Fitness Center use modern design techniques to express the traditional characteristics of Gannan Tibetan culture, and translate the national strategy of "Western Region Development" into cultural aspects through localized design; Beijing-Tianjin-Hebei Synergistic Development New Drivers Cultivation and Innovation Platform (under construction in 2020) is a pilot project to alleviate Beijing's non-capital functions and facilitate synergistic development and to enable hi-tech enterprises transferred from Beijing to settle in Tianjin Binhai Hi-tech Industrial Development Area.

浙江嘉兴南湖（纪念馆）中轴线城市设计

海南兴隆希尔顿逸林滨湖度假酒店

天津团泊体育中心

Also, TADI has promoted the expansion of emerging markets outside Tianjin by contributing to the development of national new areas and special zones. It has completed a number of key design projects in Xiong'an New Area, Yangtze River Delta, and Pearl River Delta, such as the urban design of Xiong'an Station Hub Area in Xiong'an New Area, the urban design of the central axis of South Lake (Memorial Hall) in Jiaxing City, Zhejiang Province, the design of the cultural complex in the southern part of Pukou District, Nanjing City, Jiangsu Province, the relocation project of Guangzhou Information Technology Vocational School, and the design of DoubleTree Resort by Hilton Hainan Xinglong Lakeside (2014-2018).

· Empowering a new life and urban development

Whether for grand projects or specific details, TADI has always responded to the call of the times with a strong sense of social responsibility, co-existing with the city in a harmonious way and empowering people's urban life with people-centric design. Whether for cultural, sports, education, healthcare, or commercial residence, TADI can always impress the industry and the public with works that reflect its sense of responsibility and

天津滨海文化中心

通为导向（TOD）的发展模式，使金街地区重现往日繁华；天津市第三中心医院东丽院区新址扩建项目（2020年在建），通过"向阳而生"的布局来化解场地的消极因素，充分利用场地资源，打造出适应现代信息与科技设备、具备全新医疗建筑组织架构的大型综合三甲医院；基于对于居住空间人性化、舒适性的考量，体北鲁能公馆项目（2020年在建）积极进行人居设计的迭代精研，营造出全龄+全时的健康社区生活圈，积极延续了老体院北社区的繁荣和活力……这些项目在落实国家"适用、经济、绿色、美观"的建筑方针的同时，在创作上探索了优功能、巧形式、富个性的技术结合方法。

随着城市进入存量发展阶段，人们对美好生活的目标愿景要求城市能够更加适应现代化的社会生活。针对这一趋势，天津建院开始积极地关注并投身到以再开发、整治改善及保护为目标的城市更新工作中，并以对既有环境充分尊重的谦卑之态投入建筑创作中。天津建院以新八大里工业建筑遗产改造提升再利用

goal: empowering a new life.

Tianjin Tuanbo Sports Center (2011-2017) has guaranteed the smooth launch of the 13th National Games and meets the professional needs of athletics, training, and scientific research, while also providing a comfortable, intensive, and eco-friendly sports and exercise environment for the public; Tianjin TV's Media Arts Center (2012-2017) features an interlocking flow of internal and external spaces, and harmony between artificial and natural landscapes, existing as a regional vitality center and urban parlor; Tianjin Binhai Cultural Center (2014-2018) integrates art exhibition, city park, reading, cultural activities, and other functions to create a new cultural hub; Nankai Middle School Binhai Eco-city School (2012-2017) inherits and expresses the spirit of the Nankai Middle School in each corner of the new campus; TeeMall (2013-2016) follows the transit-oriented development (TOD) model to revive the prosperity of the Golden Street area; for the expansion project of Tianjin Third Central Hospital Dongli Hospital (under construction in 2020), a layout of "living towards the sun" was adopted to resolve the unfavorable factors of the site and make full use of available site resources, to build a Third-level grade-A general hospital with modern information and technology equipment and a new medical building

新八大里

新八大里工业建筑遗产改造项目

道奇棒球场改造项目

（2014 年）及鞍山道历史街区城市设计（2015—2019 年）、道奇棒球场改造（2020—2021 年）等项目为切入点，关注既有工业建筑和公共建筑的改造再利用、历史街区的保护活化，在运用全面的技术实力完成建筑创作的同时，思考如何使这些城市存量资源重新融入城市整体功能更新的需求中，思考如何借助设计、技术手段去综合解决复杂的城市问题。

· 与数字技术同行，实践新方法

参数化辅助设计、建筑信息模型（BIM）等数字技术的推广应用为设计师实现独特创意带来了更多可能性。设计师通过数字技术实现全过程设计的高精度控制与优化，极大地保证了复杂建筑形体的精确性与可实施性，将方案设计生成、材料加工生产到工程装配建造等各环节前所未有地紧密地联系在一起。

经过多年在建筑创作实践中对数字技术运用方法的积累，天津建院以国家海洋博物馆（2013—2019 年）的设计实现了参数化设计技术工具深入应用的突破，其建成不但为天津迎来当今世界上规模最大的综合性海洋博物馆，也使灵动且富有感染力的非线性双曲面造型借助数字化设计手段得以完美呈现；呼和浩特

organization structure; to build people-centered, comfortable living spaces for the Tibei Luneng Residence (under construction in 2020), TADI has done intensive research to build an all-age, all-time healthy neighborhood circle to renew the prosperity and vitality of the old Tiyuan North Neighborhood. While following the state's call for building "suitable, economical, green, and beautiful" architecture, the architects explore how to combine functions, styles, and distinctive features.

As cities enter the stage of stock development, people's vision for a better life requires cities to better accommodate modern life. In response to this trend, TADI has focused on urban renewal with the goal of redevelopment, improvement, and preservation, engaging in the creation of architecture with modesty and full respect for the existing environment. Starting with the New Badali (Erli) Industrial Building Heritage Renovation, Upgrading, and Reuse Project (2014), the Urban Design of Anshan Road Historical District (2015-2019), Tianjin Dodger Baseball Field Renovation (2020-2021), and other projects, TADI focused on the renovation and reuse of existing industrial buildings and public buildings, and the protection and revitalization of historic districts. While using their overall technique skills, the architects considered how to re-integrate urban stock resources into the overall functional renewal and how to solve complex urban problems in an integrated way with the help of design and techniques.

· Using digital techniques to practice new methods

国家海洋博物馆

市城南体育馆暨赛罕区全民健身中心（2016 年，在建），结合参数化设计营造出极具视觉张力的"如意祥云"建筑造型；清数科技园（2017 年，在建）采用连续的曲面体量围合内外空间，成为天津面向北京展示科技实力和创新能力的窗口。这里有设计的领先优势，更有设计赋能的创造动力。

· 与绿色理念同行，发挥新引领作用

近十年，伴随中国经济由高速增长转向高质量发展，绿色、低碳的发展理念深入人心，并成为"创新、协调、绿色、开放、共享"新发展理念的重要组成部分。以有效提高建筑物资源利用效率、降低建筑对环境影响为目标的绿色建筑成为行业发展的新趋势。天津建院从建筑的初期生成即强调在遵从自然环境的基础上实现功能与审美的统一，以最小的能源消耗营造更高效、更舒适的空间环境，助力国家的"双碳"目标。

在既有的绿色建筑技术实践积累的基础上，天津建院对新建业务用房及附属综合楼（2011—2015 年）进行持续探索，将低影响开发、可持续设计、BIM 全过程应用、智能化集成平台建设等目标融入绿色建筑设计体系，最终实现节能率大于 50%，通过绿色建筑三星认证；解放南路起步区社区文体中心（2017 年）项目不同于此前绿色技术手段的支撑性应用，整个设计过程从始至终基于可持续建筑设计的策略及概念，做出了天津建院在绿色理念全过程运用方法上的引领性突破，并获得 LEED(绿色建筑评价) 铂金认证及绿色建筑三星认证。

· 与过程服务同行，探索新模式

随着建设规模、项目投资、参建单位、功能需求越来越多，建筑行业落后的工程组织方式与建设的高标准要求间的矛盾愈发突显，天津建院通过资源整合和能力集成，积极探索全过程工程咨询服务模式，成为天津乃至全国民用建筑领域 EPC（设计、采购、施工工程总承包）模式的先行先试者。

作为天津建院首个外地总承包项目，天津中德应用技术大学承德分校（2017—2019 年）建设项目在实践中总结出一套工程成本控制优化的技术管理流程；天津电建生产科研基地（2022 年，在建）建设项目创新性地将 BIM 技术应用

The application of digital techniques such as parametric aided design and Building Information Modeling (BIM) has created more possibilities for designers to realize their unique ideas. Designers can achieve high-precision control and optimization of the entire design process by using digital techniques, which ensures the accuracy and actionability of complex building forms, and links design generation, material processing and production, engineering assembly and construction, and other aspects together like never before.

Thanks to its rich experience in using digital technology in architectural creation, TADI made a breakthrough in the in-depth application of parametric design technology tools by designing the National Maritime Museum of China (2013-2019). As the world's largest comprehensive maritime museum in Tianjin, the museum features a dynamic and appealing non-linear hyperbolic shape enabled by digital design; Hohhot City South Gymnasium and Saihan District National Fitness Center (under construction in 2016) features a visually striking architectural form of "auspicious cloud" enabled by parametric design; Qingshu Science and Technology Park (under construction in 2017) features a continuous curve that encloses the inner and outer space, and will become a window for Tianjin to showcase its technological strength and innovation capability towards Beijing. The Institute has the leading edge in design and the motivation for creative design.

· Leading the way in embracing green development

As China's economy has shifted from high-speed growth to high-quality development in the past decade, the concept of green and low-carbon development has gained momentum and become an important part of the new development concept of "innovation-driven, coordinated, green, and open development and sharing". Green building, which aims to improve the efficiency of building resources and reduce the impact of buildings on the environment, has become a new industry trend. Since its inception, TADI has been balancing functions and aesthetics based on the natural environment, aiming to create a more efficient and comfortable spatial environment with minimal energy consumption and contribute to the goal of "Carbon Peak and Carbon Neutrality".

Based on accumulated practice in green building techniques, TADI made continued exploration in the construction of new business premises and ancillary complexes (2011-2015) and integrated the objectives of low-impact development, sustainable design, BIM whole-process application, and intelligent integrated platform construction into the green building design system, ultimately achieving an energy saving rate greater than 50% and passing the green building three-star certification; unlike the previous supportive applications of green technology, the whole design of the South Jiefang Road Qibu Area Community Cultural and Sports Center (2017) Project is based on the strategy and concept of sustainable architectural design since the beginning, enabling a leading

清数科技园

天津市建筑设计研究院有限公司新建综合楼

于支撑项目总承包管理，实践了多专业、多方参与的协同工作模式，实现了项目整体的数字化管理目标。

从 70 年厚重的建筑创作历程与积淀中，我们可以看到天津建院人在社会主义建设初期的回应与探索，看到他们在改革开放推动下的回归与突破，看到他们在国际化浪潮中的坚守与突围，看到他们在新时代脉动下的实践与进击！这里充满天津建院探寻并塑造城市建筑精神的努力与高效设计观；充满着创造人民生活福祉久久为功的努力，以及不断开启新程的不懈追求。在 70 载的时间维度里，天津建院已经用作品一再证明：天津建院人征程步坚，正在绘制更美好的"天津设计"乃至"中国设计"的创新蓝图。

3. 关于本作品卷的辑录

针对天津建院设计项目的生长足迹，以及后继前进路程上设立的业务发展目

breakthrough in the whole-process application method of green concept by TADI, and receiving LEED (Green Building Rating System) Platinum Certification and Green Building Three Star Certification.

· Exploring new models in the service process

With the increasing scale of construction, project investment, participating units, and functional demands, the contradiction between the backward engineering organization method of the construction industry and the high-standard requirements of construction has become increasingly obvious. By integrating resources and capabilities, TADI has actively explored the whole-process engineering consulting service mode and become a pioneer of the EPC (engineering, procurement, and construction) contracting mode in the field of civil construction in Tianjin and even in China.

The construction project of Chengde Campus of Tianjin Sino-German University of Applied Sciences (2017-2019) is the first out-of-town general contracting project of TADI. For this project, TADI summarized a set of technical management processes

标，本书的编辑团队认为本作品集不应仅是天津建院发展的创作回顾，更应成为传播几代设计师精神的心灵之标。因此，本书将从如下几个角度进行呈现。

· 考虑到天津建院 60 周年院庆时出版的作品集已对自建院 60 年以来的重要作品进行了收录，此次推出的《天津市建筑设计研究院有限公司 70 周年纪念作品卷》将体现延续性，主要对近 10 年来具有代表性的作品加以展示，期冀为读者系统了解天津建院的建筑创作脉络提供载体。

· 遵从建筑创作的习惯，设计作品按建筑功能类型分 10 个部分被收录于本书。

· 力求使本书与《天津市建筑设计研究院有限公司 70 周年纪念院志卷》共同构成集天津建院建筑创作文化、企业发展管理两个方面内容的"新记"，使之成为一套以天津建院人 70 年的发展为根基、具有较强可读性的建筑技术与建筑文化兼具的图书。

· 回首过去，从《天津市建筑设计院 60 周年作品卷》付梓至今又匆匆十载，在天津建院 70 周年院庆之际，将优秀作品编撰成册，我们不仅期待其能直观地反映天津建院近十载的建筑设计成果和贯穿其中的创新探索，更希望通过这种记录的方式使每一位天津建院人在企业发展的历史长河中找到自强与从容的起点，坚信持守正道的设计态度，尤其是能激励青年建筑师在继承天津建院建筑创作文化与理念的同时，树立起天津建院人守望初心、面向未来的设计底气。

4. 寄语：守正筑新

走过 70 年风雨历程的天津建院，得益于几代天津建院人始终坚守的使命、责任与价值观，以不同时期创作出的建筑作品经历岁月磨洗之厚重。未来在对我们提出新的期望的同时也在召唤我们回顾并解答：天津建院人在创作之路的跋涉中应凭着怎样的精神和态度笃笃前行？如何在繁杂的建筑样式风格中找到可以纵深探索的本道？天津建院人需要给出自己的答案。

守正，就是持守正道，既体现建筑师"尊重自己，对作品负责"的职业操守，又反映设计中应遵循的规律原则，还包含从无数次设计实践中得到的宝贵经验。

for the optimization of engineering cost control from practice; For the Tianjin Electric Construction Production and Research Base (under construction in 2022), TADI applied BIM technology creatively to support the general contracting management of the project, putting into practice the collaborative work mode with multi-disciplinary and multi-party participation, and achieving the overall digital management goal of the project.

3. About the collection of this volume

Considering the footprints of TADI in project design and its business development goals, the editorial team believes that this book is more than a retrospective of the development of TADI, but also a beacon for spreading the spirit of several generations of architects. Therefore, this book will be presented from the following perspectives.

· Based on the book celebrating its 60th anniversary, which collects the important works of TADI during the 60 years since its inception, *Tianjin Architecture Design Institute CO., LTD 70th Anniversary Collections* will mainly collect representative works over the past 10 years, to enable readers to gain systematic knowledge of TADI's creation records.

· Following the practice of architectural creation, the design works are divided into ten chapters according to the functions of the buildings in this book.

· We aim to make this book and *Tianjin Architecture Design Institute CO., LTD 70th Anniversary Chronicles* combined to form a new record in terms of the Institute's architectural creation culture, corporate development and management, to present a series of readable books about the Institute's 70 years of development, architectural techniques, and architectural culture.

A decade has passed since we published the *Tianjin Architecture Design Institute 60th Anniversary Collections*. On the eve of the 70th anniversary, we compile new outstanding design works in the new book, to present the Institute's architectural design results and explorations in innovation over the past decade. Moreover, we hope to enable each and every architect to draw strength and confidence from its development history and follow the right path. We hope to inspire them to inherit the Institute's culture and philosophy in architectural creation and stay committed to their original aspiration.

4. Wishes: Designing Buildings with Craftsmanship and Creativity

During the past 70 years, several generations of architects have been committed to their mission, responsibility, and values, creating superb architectural works during different periods. The future has raised new expectations for us while beckoning us to review and answer the question: What kind of spirit and attitude have been cherished

院综合建筑视频展示

筑新，就是开拓创新。筑新是推动时代发展的源动力，我们要接受变化，积极变化，在新时代背景下与时俱进、推陈出新。守正是筑新的原则基础，筑新是守正的发展要求，两者是创作过程的两个方面，辩证统一。守正是建筑创作的原点，是对建筑本质规律的发现和坚持，设计需要从"正"中去寻找到"新"的生发点；筑新是建筑创作的延展，是对建筑发展趋势的探索和开拓，用"新"去发展"正"的根脉。

守正筑新是一种继往开来的设计态度，建筑创作之路是需要理性思考的。希望这本作品集成为天津建院发展历程中的一个人文创作的坐标。我们深信"守正"的力量，认知"筑新"的追求，这是前进的最好方式。愿从我做起，完成好每一项设计工程，用原创设计作品说话。2019 年年底初现、2020 年年初暴发并持续至今的新冠肺炎疫情，打破了社会生产和人们生活的正常节奏。在这样充满艰辛的时段，认真辑录并向大家呈现天津建院 70 周年庆作品集的意义在于：让我们以 2022 年这个全国乃至世界充满变动的年份为始，用丰富的作品与先进的创作理念，用"精思巧构"的设计之光照亮过往的路和未来的征程，用"守正筑新"的设计态度开创天津建院 70 年华诞的新起点。

by the architects of TADI in their creation? How to find the right one among the various architectural styles? At TADI, each and every architect should give their answers.

Craftsmanship means the professional integrity of architects towards themselves and their works, and also contains the laws and principles that should be followed in design, as well as valuable experience gained from numerous design practices. Creativity means innovation. Innovation is the driving force of the times. We must accept changes, make positive changes, stay abreast of the times, and move forward in the new era. Craftsmanship is the basis of creativity, while innovation is what is expected in craftsmanship. The two are two aspects of the creation process, in dialectical unity. Craftsmanship is the starting point of architectural creation and the commitment to exploring the essence and laws of buildings. Architects should pursue innovation based on craftsmanship. They should explore the trend of architectural development to eject new life into their architectural design.

Architects should embrace both craftsmanship and creativity, and pursue creative design with rational thinking. It is hoped that this book will become a cultural mark in the development of TADI. We believe in the strength of both craftsmanship and creativity, which will enable us to go further. We expect each architect to finish their original design works with such an attitude. The COVID-19 pandemic, which emerged at the end of 2019 and broke out in early 2020, and continues to this day, has disrupted the normal pace of social production and people's lives. In this tough year of great changes in China and beyond, by compiling the book celebrating the Institute's 70th anniversary, we aim to illuminate its past path and future journey with rich works, creative concepts, and craftsmanship in design, and forge ahead with a new starting point with the dedication to creativity.

天津市建筑设计研究院有限公司　首席总建筑师、副总经理
2022 年 8 月

Zhu Tielin
Chief architect, Deputy general manager of TADI
August 2022

文化建筑 | CULTURAL BUILDINGS

国家海洋博物馆
National Maritime Museum

建 设 地 点	Location	天津市滨海新区中新天津生态城
设计/竣工时间	Design / Completion Date	2013 年 / 2019 年
用 地 面 积	Site Area	150 000 m²
建 筑 面 积	Floor Area	80 000 m²
主体建筑高度	Height of Main Building	33.80 m
合作设计项目	Co-design Project	

国家海洋博物馆

国家海洋博物馆航拍

国家海洋博物馆 BIM

　　国家海洋博物馆是中国首座以海洋文化为主题的国家级、综合性、公益性的博物馆，是天津城市全新的文化地标，是中国海洋事业发展的文化里程碑，也是当今世界规模最大的一座综合性海洋博物馆，具备文化、艺术、生态和人文多元价值属性，成为人类与海洋互动的新空间、新媒介。

　　项目规划设计架构充分彰显"馆园结合"大思路，将建筑外形与景观环境作为整体营造，充满场所想象与情怀。设计创意秉持"形式追随功能"的设计内核，以"开放形"为核心理念，运用隐喻的非线性手法及流动的建筑语汇，使整座建筑呈发散形，由陆地向海洋展开，并架空于海面之上，充分展示技术与自然辉映之美。

天津文化中心
Tianjin Cultural Center

建 设 地 点	Location	天津市河西区友谊路
设计/竣工时间	Design / Completion Date	2008 年 / 2012 年
用 地 面 积	Site Area	900 000 m²
建 筑 面 积	Floor Area	1 000 000 m²
主体建筑高度	Height of Main Building	33 m
合作设计项目	Co-design Project	

天津文化中心

/ 以"文化、人本、生态"为主题，集公益文化、城市公园、市民休闲、青少年活动于一体，是天津公共文化的城市地标，也是全国规模较大的文化休闲中心 /

　　天津文化中心项目包括天津自然博物馆、天津美术馆、天津图书馆、天津大剧院、天津阳光乐园、天津银河国际购物中心等，集文化、商务、休闲等多种功能于一体，是天津迄今规模最大的公共文化设施建设工程。

　　项目突出"城市客厅"的公共性，大剧院作为主导建筑居于文化中心中央，与南侧自然博物馆、美术馆、图书馆，北侧银河国际购物中心形成整体和谐的高品质建筑群，结合绿色、活力的开放空间，为市民提供典雅、亲和的公共活动场所。规划糅合"山、水、塔"的中国园林布局，以中心湖为水，以生态岛为山，结合迎宾塔和周边文化建筑，形成具有中国山水诗画意境的布局形式。中央湖面结合大型艺术喷泉，形成优雅生动的水景主题，隐喻天津特色"水文化"；同时借鉴"大轴线、林荫道"的西方园林设计手法，以海棠步道串接大剧院和大礼堂，与行政中心、接待中心共同带动文化中心周边地区，形成以文化为主导，集商务、金融等功能于一体，引领中心城区发展的文化商务核心区。

天津文化中心 · 天津美术馆
Tianjin Cultural Center · Tianjin Art Museum

建 设 地 点	Location	天津市河西区平江道
设计/竣工时间	Design / Completion Date	2009 年 / 2012 年
用 地 面 积	Site Area	23 850 m²
建 筑 面 积	Floor Area	28 816 m²
主体建筑高度	Height of Main Building	29.90 m
合作设计项目	Co-design Project	

/ 集收藏、展览、研究、美育、休闲功能于一体，以展示现当代美术艺术
作品为主的专业美术馆 /

　　这是一座集收藏、展览、研究、美育、休闲功能于一体，以展示现当
代美术艺术作品为主的大型专业美术馆，是天津文化和城市建设发展水平
及开放形象的重要标志。

　　美术馆的外观就像一个表面有着精准切割豁口以及凹洞的石材立方体。
这个具有纪念性建筑特征的石材立方体包含了所有的展览空间、阅览室、
员工办公及管理区和会议室。美术馆内部中央大厅分段式的大型阶梯通往
上层的展厅，其材质与美术馆建筑外部厚重的石材相呼应，大厅上方透进
的自然光线可照亮开放式展区。这给游客带来丰富的空间感受和视觉体验。

　　大面积的玻璃幕墙将内部空间与室外湖泊和公园景致联系在一起，使
参观者对艺术的享受与对自然景观的享受融合在一起。

天津文化中心 · 天津自然博物馆
Tianjin Cultural Center · Tianjin Natural History Museum

建 设 地 点	Location	天津市河西区友谊路
设计/竣工时间	Design / Completion Date	2001 年 / 2002 年
用 地 面 积	Site Area	50 200 m²
建 筑 面 积	Floor Area	35 032 m²
主体建筑高度	Height of Main Building	33 m
合作设计项目	Co-design Project	

/200 m 跨度的空间拱支撑屋顶和斜玻璃幕墙，建筑造型宛如天鹅展翅独特、优雅 /

天津自然博物馆的前身为原天津博物馆。建筑主体由"天鹅颈"和"天鹅羽翼"构成，以独特的白天鹅展翅造型与圆形天鹅湖相契合，"天鹅颈"回廊导入主体的设计使颈部羽翼及主体构成优美的外形，突出了博物馆标志性建筑的地位，丰富了城市建筑群体的轮廓线，赋予公共建筑以特性。

2014 年，结合天津文化中心建设，位于天津文化中心的原天津博物馆被改造为天津自然博物馆。按照自然博物馆的专业特点和功能需求，设计团队对博物馆建筑的部分功能区、内檐、外檐进行装修提升、整治，对部分设施进行调整、修改、完善。新建筑延续原天津博物馆的建筑风格，有序组织空间。天津自然博物馆以"家园"（HOME）为主题陈列布展，设"家园·探索""家园·生命""家园·生态"3 个主题展区和 2 个国际交流厅，建设成集收藏与研究、展示与体验、文化交流与科普教育、文化旅游与休闲于一体的具有天津特色、国内领先的现代化、综合性自然博物馆。

天津文化中心 · 天津银河国际购物中心

Tianjin Cultural Center · Tianjin Yinhe International Shopping Center

建 设 地 点	Location	天津市河西区乐园道
设计/竣工时间	Design / Completion Date	2010 年 / 2012 年
用 地 面 积	Site Area	75 100 m²
建 筑 面 积	Floor Area	332 353 m²
主体建筑高度	Height of Main Building	30 m
合作设计项目	Co-design Project	

/ 弧形主街将内部商业空间与室外广场、景观公园连为一体。本项目通过对自然元素的转译与表达、虚与实的体量碰撞，反映"平衡"与"和谐"的设计主题 /

天津银河国际购物中心包括零售、超大型自助商场、饮食、娱乐等功能，为天津带来高品质的商业体验。建筑的尺度和周围的文化建筑相呼应、协调。在材料选择方面，设计团队考虑将歌剧院、阳光乐园和商业中心一起形成优雅和谐的整体。

银河国际购物中心由两座独特又相互联系的建筑构成：一座是呈立方体的零售商业建筑，另一座是极具雕塑感和艺术感的"水晶体"。它们共同反映了"平衡"与"和谐"这两大设计主题。"水晶砾石"为人们提供多种感官体验，立面采用节能的 Low-E 玻璃。"多面体"由透明或半透明的玻璃组成。这个具有多种功能的"水晶体"是眺望湖面、歌剧院和远处博物馆建筑群的绝佳场所。

天津滨海文化中心
Tianjin Binhai Cultural Center

建 设 地 点	Location	天津市滨海新区中央大道
设计/竣工时间	Design / Completion Date	2014 年 / 2017 年
用 地 面 积	Site Area	119 640 m²
建 筑 面 积	Floor Area	313 585 m²
主体建筑高度	Height of Main Building	40 m
合作设计项目	Co-design Project	

天津滨海文化中心

/ "一廊、三馆、二中心"，由一条文化长廊串联起美术馆、科技馆、图书馆、演艺中心、市民活动中心，聚合多元，和谐共生 /

　　天津滨海文化中心位于天津滨海新区，是新区重点打造的文化"新航母"，是集科技、展示、教育、艺术等多功能于一身的聚合式文化综合体。本设计以文化长廊为空间架构，集美术馆、科技馆、图书馆、演艺中心、市民活动中心等多元文化元素于一体，聚合成具有"一廊、三馆、二中心"6 种不同功能类别的城市文化综合体，致力营造一种和谐一致的氛围。

　　总体设计方案突出建筑群概念，采用集中式布局，展现出中国"和"文化的集聚效应，突出节地、节能、节材，最大限度地减少北方地区寒冷天气对参观游览者的影响，真正做到惠民与便民。同时，其与文化公园形成一体化设计，五馆一廊，多元共生，既彰显文化综合体的整体风貌，又表现出 6 个单体项目的文化内涵和个性特质，使单体形态与建筑总体造型和谐共生。

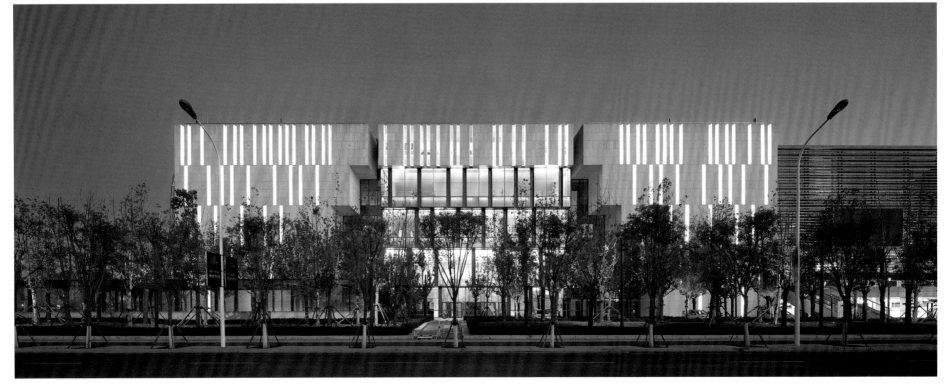

天津梅江会展中心
Tianjin Meijiang Convention Center

建 设 地 点	Location	天津市西青区友谊南路
设计/竣工时间	Design / Completion Date	2009 年 / 2012 年
用 地 面 积	Site Area	414 000 m²
建 筑 面 积	Floor Area	380 000 m²
主体建筑高度	Height of Main Building	36.30 m
合作设计项目	Co-design Project	

/ 作为"夏季达沃斯论坛"的永久主场馆，项目集会议、展览、商务、餐饮、娱乐等功能于一体，是符合国际标准的现代化展览建筑 /

　　天津梅江会展中心是集会议、展览、商务、餐饮、娱乐于一体的现代智能化展馆，分两期实施完成。项目作为国际"夏季达沃斯论坛"的永久主场馆，自投入使用以来，成功举办了世界智能大会、旅游产业博览会、世界侨商名品博览会等国内外重要会议和综合展览，搭建起天津经济发展的高端服务平台，促进天津会展设施进入全国先进行列。

　　设计团队通过室内外公共空间的营造，开拓其功能的延展性，着重考虑展会、非展会期间场地的管理及开放情况，为市民提供城市生活场所。设计融合天津地域文化底蕴，以对称灵动的建筑形态体现城市气质，与生态、有机的景观紧密结合、相互呼应，为附近片区市民的生活注入新活力。

主会议厅

银川市市民大厅及规划展示馆

Yinchuan Citizens Hall and Planning Exhibition Hall

建 设 地 点	Location	宁夏回族自治区银川市万寿路
设计/竣工时间	Design / Completion Date	2013 年 / 2014 年
用 地 面 积	Site Area	171 252 m²
建 筑 面 积	Floor Area	124 970 m²
主体建筑高度	Height of Main Building	31.85 m

/ 地域特色与现代手法有机融合，塑造城市的花园客厅 /

　　银川市有"塞上江南"的美称，设计团队充分利用银川特有的湿地文化及用地周边的现有水系等景观资源，体现生态节能的社会理念，营造优美协调的外部景观环境，创造开阔的室外广场和展示空间。项目将市民审批、规划展示、应急指挥等多种功能集合在一组建筑内，既满足各功能需要，又最大限度地减小互相干扰。每栋建筑犹如水边盛开的花朵散落在湖边，与景观环境融为一体，使人们流连其中。工作人员在审批业务之余还能欣赏到花园般的景色。

　　本设计与民族风格相结合，庄重且富有变化，雄健又不失雅致。屋顶装饰格架采用伊斯兰风格的空格，室内的细部节点采用伊斯兰特有的纹样，将地域特点融于建筑内部。流线造型即解决了建筑体块与平行四边形地界的冲突，又使建筑体形舒展饱满。

侯台公园展示中心
Display Center of Houtai Park

建 设 地 点	Location	天津市南开区绿水园
设计/竣工时间	Design / Completion Date	2011 年 / 2013 年
用 地 面 积	Site Area	15 557 m²
建 筑 面 积	Floor Area	9 539 m²
主体建筑高度	Height of Main Building	15.90 m

/ 隐于自然的建筑 /

 侯台公园展示中心以侯台公园为依托，为侯台公园的规划设计成果提供展示研究的平台，涵盖展示、会议、交流、办公及相关辅助功能，强调"环境协调、经济合理、理性设计、绿色节能、空间宜人"的设计理念，充分引入周边公园良好的自然景观，合理布置建筑空间，削弱建筑在环境中的突兀感，降低地块紧邻快速路的噪声和朝向等不利因素的干扰。设计不仅对建筑的平面进行了较为细致的划分，同时加大了对建筑空间设计的重视。建筑内部利用功能交错和体块退进的关系，设计多个屋顶花园及内部庭院，营造出多层级的内部景观体系，丰富建筑内部空间，提升建筑品质，舒缓由用地紧张带来的布局紧凑的压力，形成良好的内部环境。

天津华侨城欢乐谷
Tianjin OCT Happy Valley

建 设 地 点	Location	天津市东丽区之光大道
设计/竣工时间	Design / Completion Date	2011 年 / 2014 年
用 地 面 积	Site Area	120 000 m²
建 筑 面 积	Floor Area	150 000 m²
主体建筑高度	Height of Main Building	36.90 m

/ 故事与技术完美碰撞的童话世界 /

天津欢乐谷是华侨城在北方建设的第 2 个主题公园，为欢乐谷第 4 代旅游产品。陆地公园由室内公园与室外公园两部分组成，在建筑风格及主题包装上形成 8 个各具特色的区域，展现由亚热带至寒带的欧陆风情，为游客提供不同的氛围感受。

项目首次引用室内公园概念，ETFE 膜（乙烯—四氟乙烯共聚膜）气枕与复合彩板的包裹层既减轻屋顶的自重，同时又结合建筑下部及顶部开启形式，充分体现建筑内环境的实验模拟最优效果，在冬季、夏季不用通过集中采暖或空调均能实现比较舒适的室内环境，大大降低了建筑总能耗。

建筑与游乐设备的有机结合使乐园拥有了 12 项顶级体验，创造了当时的两项世界之最、两项亚洲之最、8 项国内之最。项目包括世界首个矿山车与激流勇进的组合、亚洲当时唯一的家庭过山车、中国当时最长单轨木质过山车等游乐设施。

广饶国际博览中心
Guangrao International Expo Center

建 设 地 点	Location	山东省东营市广饶县
设计/竣工时间	Design / Completion Date	2013 年 /2020 年
用 地 面 积	Site Area	134 400 m²
建 筑 面 积	Floor Area	65 430 m²
主体建筑高度	Height of Main Building	24 m

广饶国际博览中心位于广饶东新区，为国际轮胎博览会永久性会址，是"世界轮胎看中国，中国轮胎看广饶"，对外展示中国轮胎业发展的重要窗口。建筑主体 1 层，局部 3 层，集展馆、轮胎博物馆和会议、餐饮等功能于一体，具有专业展览、会议培训、博物展览、市民文化休闲等功能。

项目平面呈"工"字形布置，强调空间的中轴线布局。中央大厅位于"工"字形中心，造型椭圆，大厅净高超过 20 m，空间开阔宏大，可满足大型活动的登录组织和服务保障；4 个万余平方米的大展厅和 2 个小展厅对称分布在中央大厅两侧，功能用房布置合理，可以满足不同规模展会的场地要求。

秉承"绿色、经济、节能"的设计理念，结构形式采用钢结构，空调系统采用节能环保的地源热泵，给排水、电气、空调等系统的设计考虑场馆的功能分布和使用频率，采用分区控制，降低了运行成本和能源损耗。

建筑外观简洁大气、现代亮丽、气势恢宏，体现出现代化都市的城市形象，成为山东广饶的地标。

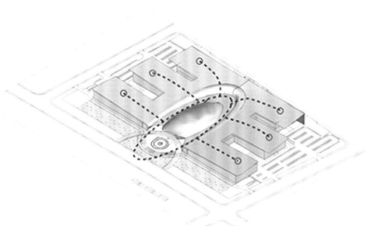

盘龙谷艺术馆
Panlonggu Art Museum

建 设 地 点	Location	天津市蓟州区许家台乡
设计/竣工时间	Design / Completion Date	2009 年 / 2012 年
用 地 面 积	Site Area	12 349 m²
建 筑 面 积	Floor Area	4 192 m²
主体建筑高度	Height of Main Building	14.85 m
合作设计项目	Co-design Project	

艺术馆

　　项目设计构思从建筑设计视觉表现出发，将美术馆作为视线切点，整体建筑造型配合群山的轮廓起伏。建筑坐落于山谷东面，靠近主要干道，参观者由北部小广场进入建筑，北部的高差则通过台阶解决。黑色本土石材作为立面的主要材料，配合混凝土结构和金属网格。立面上设有大面积玻璃开口朝向高山和主要景观区域。

　　首层主要作为展示大厅和贵宾区，卫生间、更衣室等辅助用房位于建筑中间部位，层与层之间通过景观楼梯相联系，二层为画廊、酒吧、办公室、会议室等。折板式屋面是整个设计的重要元素，使内部空间为观者带来有趣的使用体验和空间氛围。

甘南藏族自治州博物馆

Gannan Tibetan Autonomous Prefecture Museum

建 设 地 点	Location	甘肃省甘南藏族自治州合作市
设计/竣工时间	Design / Completion Date	2017 年 / 在建
用 地 面 积	Site Area	96 200 m²
建 筑 面 积	Floor Area	50 000 m²
主体建筑高度	Height of Main Building	48 m

/ 以藏式院落为线索组织建筑布局，以藏式林卡为主题统筹场地景观，展现出兼具地域性与时代感的形象 /

　　甘南藏族自治州博物馆（甘南州博物馆）整体布局以"文化筑城，博物甘南"为设计理念。"城"的形象借鉴了坛城、八角城的形体布局特点。为突出主体的重要性，中心体量采用坛城式的集中布局强调统领地位，强化建筑的形象与气势；两侧的体量则参照八角城的布局轮廓进行组织，在对称的基础上灵活布置，创造出大气完整的建筑群体形象。

　　场地为坡地，南低北高，地势复杂。设计因地制宜，将建筑随坡就势布置在场地中，减少建设对场地的干扰，突出"以藏式院落为线索组织建筑布局，以藏式林卡为主题统筹场地景观"的方案设计特色。

　　建筑形象兼具传统性与时代性。设计团队运用现代的设计手法体现甘南藏族自治州的地域特色，从形体关系、材质、立面元素等方面提炼甘南藏式建筑的特色，打造具有代表性的地标性建筑。

中国文字博物馆续建工程

Continuation Project of National Museum of Chinese Writing

建 设 地 点	Location	河南省安阳市人民大道
设计/竣工时间	Design / Completion Date	2017 年 / 在建
用 地 面 积	Site Area	116 900 m²
建 筑 面 积	Floor Area	68 300 m²
主体建筑高度	Height of Main Building	23.95 m

/ 天人合一、文脉传承 /

中国文字博物馆是经国务院批准的以文字为主题的国家级博物馆，续建工程延续城市轴线关系，呼应一期主馆"明堂辟雍"的概念，以主馆为中心，左右对称，形成"天人合一"的总体布局。

续建工程东侧、西侧分别为文字文化演绎体验中心及文字文化研究交流中心，主要包括文字文化体验、展演、交流、研究等功能区及文物库房、安防设备用房等，不同分区间相互独立且联系方便，整体布局集约高效。项目通过高度、形态、色彩、纹饰 4 个方面的对比，形成"主从有序"的形体设计，突出与一期主馆主次烘托、一脉相承的形态关系。景观设计以"文源字苑"为理念，通过一条象征中华五千年历史源远流长的水系，对以中国汉字发展历程中关键节点为设计主题的几大院落进行串联。

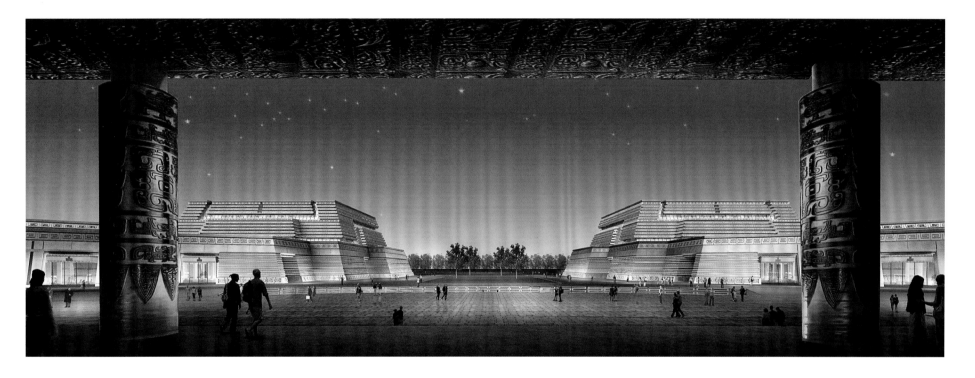

伪满皇宫博物院地下文物库房及展示场馆

Underground Cultural Relics Warehouse and Exhibition Venue of Palace Museum of the Manchurian Regime

建 设 地 点	Location	吉林省长春市光复北路
设计/竣工时间	Design / Completion Date	2017 年 / 2022 年
用 地 面 积	Site Area	11 050 m²
建 筑 面 积	Floor Area	16 650 m²
主体建筑高度	Height of Main Building	11.85 m

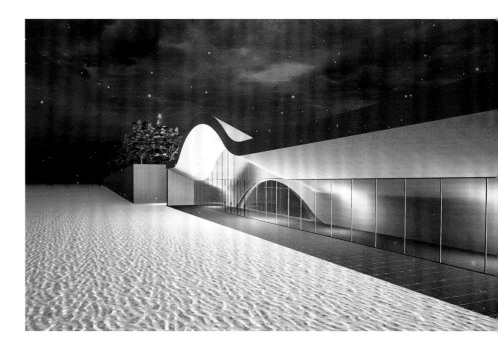

伪满皇宫博物院是中国现存三大宫廷遗址之一。项目紧邻伪满皇宫宫墙遗址，利用现状高差地势建设文物库房和展示场馆，将建筑体量大部分置于地下，使其与周边建筑及环境融为一体，减少对现状历史建筑的影响。建筑风格以清水混凝土为主，结构浇筑后即产生建筑装饰面，与周边伪满皇宫博物院及东北沦陷史陈列馆的历史氛围相契合。

作为覆土建筑，设计合理解决了新建场馆消防、疏散、馆藏保护等难点问题。室内主要展示空间为拱壳形清水混凝土结构，体现建筑结构一体化的独特性与标志性，同时营造出连续又富有变化的室内展示空间。设备管线等利用夹层、管沟层、非重点区域敷设，减少对清水混凝土装饰面的影响。

体育建筑 | SPORTS BUILDINGS

082

天津团泊体育中心
Tianjin Tuanbo Sports Center

084

天津团泊体育中心·自行车馆
Tianjin Tuanbo Sports Center ·
Velodrome

086

天津团泊体育中心·射击馆
Tianjin Tuanbo Sports Center ·
Shooting Range

088

天津团泊体育中心·射箭场
Tianjin Tuanbo Sports Center ·
Archery Range

090

天津团泊体育中心·曲棍球场
Tianjin Tuanbo Sports Center ·
Hockey Field

092

天津团泊体育中心·棒球比赛场
Tianjin Tuanbo Sports Center ·
Baseball Field

094

天津财经大学综合体育馆
Comprehensive Gymnasium of Tianjin
University of Finance and Economics

098

厦门工人体育馆
Xiamen Workers Gymnasium

100

呼和浩特市体育中心
Hohhot Sports Center

102

呼和浩特市城南体育馆暨赛罕区全民健身中心
Hohhot Chengnan Gymnasium
and Saihan District National
Fitness Center

104

河北工业大学多功能风雨操场
Multifunction Stormy Playground of Hebei
University of Technology

天津团泊体育中心
Tianjin Tuanbo Sports Center

建 设 地 点	Location	天津市静海区团泊新城
设计/竣工时间	Design / Completion Date	2011 年 / 2017 年
用 地 面 积	Site Area	1 053 500 m²
建 筑 面 积	Floor Area	574 000 m²

天津团泊体育中心为集竞技体育、训练、科研以及运动员住宿等多功能于一体的国际化体育基地。体育中心为专业运动员、体校学生及市民提供多种专业体育场馆和休闲设施，营造出舒适、健康、现代、集约、生态的体育竞技环境，不仅保障了 2017 年第十三届全运会赛事的顺利开展，更为全民健身创造了良好的条件。

体育中心包括竞技区、体育训练区、综合开放区及生活区。东侧竞技区包括自行车馆、射击馆、曲棍球场、棒球场 / 垒球场等。沿团泊大道各竞赛场馆以自行车馆为中心南北展开，大尺度的景观与建筑空间形成了优美的城市景观，并对外开放。

体育训练区涵盖体育训练及科研教学等功能，包括综合训练馆、田径馆、各类训练场地及科研办公楼。该区域相对安静，同时与竞技区联系便捷；建筑与中心景观有机融合，为健儿们的体育训练营造了健康、优美的环境。

西北部生活区设有运动员公寓、学生宿舍、专家公寓、餐厅等生活设施。其与城市规划形成整体，便于配套设施互为补充，环境优美的组团化设计为运动员提供了良好的休憩空间。

园区规划总面积约为 31 200 m²，有总容积超过 40 000 m³ 的人工水体 3 处。规划区域除具有电力、燃气、热力等常规能源和供排水管网等市政资源条件外，还可利用太阳能、浅层地能、深层地热等可再生能源，充分实现体育中心绿色、节能、生态、环保的规划理念。

天津团泊体育中心·自行车馆
Tianjin Tuanbo Sports Center · Velodrome

建 设 地 点	Location	天津团泊体育中心
设计/竣工时间	Design / Completion Date	2011 年 / 2012 年
用 地 面 积	Site Area	85 336 m²
建 筑 面 积	Floor Area	28 200 m²
主体建筑高度	Height of Main Building	41 m
观 众 席 座 位	Auditorium Seats	3 218 座

　　本自行车馆是天津 2013 年东亚运动会的主要场馆之一，具有 1 800 个固定座位、1 418 个活动座位。建筑采用椭圆形平面，贴合赛道形状。建筑首层为自行车馆的内场，包括运动员休息区、贵宾区、媒体区和为国际自行车联盟设置的组委会区。运动员区邻近比赛场地出入口，且与比赛场地之间有专用通道。贵宾区设有接待和后勤服务设施，设置独立出入口和通道系统。媒体区和组委会区也设有各自独立的出入口。管理和辅助用房位于建筑东西两侧的看台下。实况转播等设备用房被设置在夹层内，布局紧凑，空间利用合理。

　　主体比赛场馆造型像自行车比赛的赛帽，布置在坡度舒缓的人工坡地上，从主体外观可清晰看到建筑的结构。大跨度的空间网架、梁和梁之间的空隙呈流线型，主体上开的洞口减轻了建筑的体量感，轻盈、动感，贴切地反映出自行车运动的特质。曲线形的结构形式符合仿生学原理，立面与结构达到完美统一。

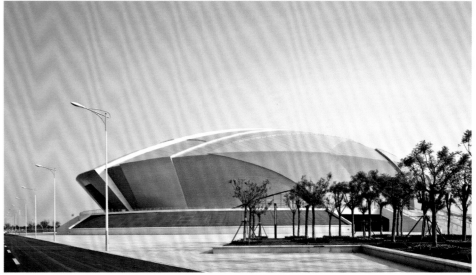

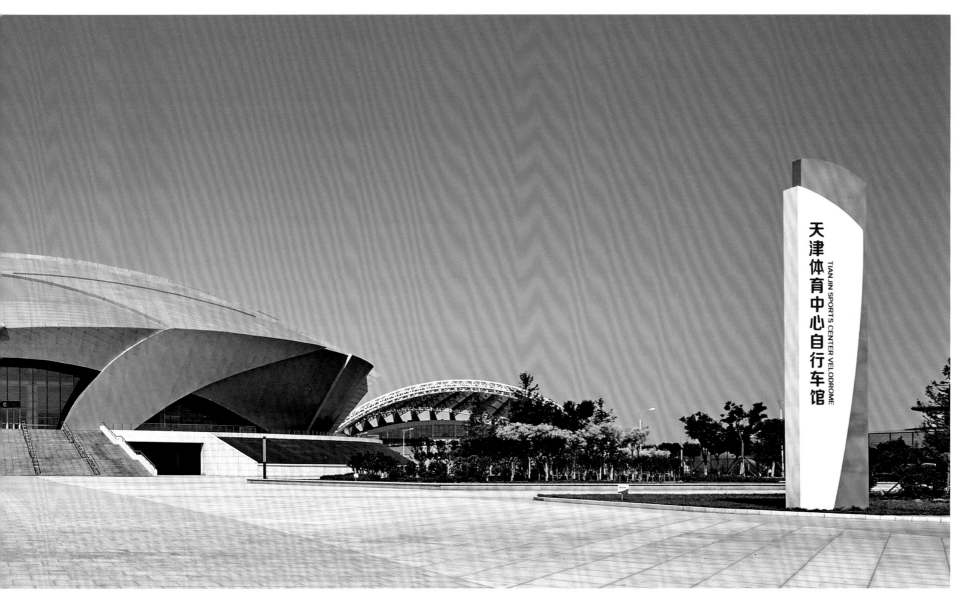

天津团泊体育中心 · 射击馆
Tianjin Tuanbo Sports Center · Shooting Range

建 设 地 点	Location	天津团泊体育中心
设计/竣工时间	Design / Completion Date	2011 年 / 2012 年
用 地 面 积	Site Area	74 811 m²
建 筑 面 积	Floor Area	37 996 m²
主体建筑高度	Height of Main Building	23.90 m
观 众 席 座 位	Auditorium Seats	2 665 座

/ 承办第六届东亚运动会和第十三届全运会射击比赛的原创设计甲级场馆 /

　　射击馆是承办第六届东亚运动会和第十三届全运会的场馆之一。建筑长 300 m，宽 100 m，主体 2 层，局部 3 层。射击馆主要设有 10 m 气手枪预赛赛区、25 m 预赛赛区、50 m 预赛赛区和决赛馆 4 个部分，商业性质的全民健身用房设置在建筑北部。

　　建筑造型设计以"速度"为主题，将射击运动中子弹出膛的"速度感"固化为建筑语言，用两个不规则的弧形筒体交错形成刚劲有力的独特体量。

　　射击馆的赛后功能被定位为市区稀缺体育资源和中型观演剧场。平时，观众共享大厅内可临时设置羽毛球、乒乓球场地，决赛馆可改建成小剧场，实现共赢。

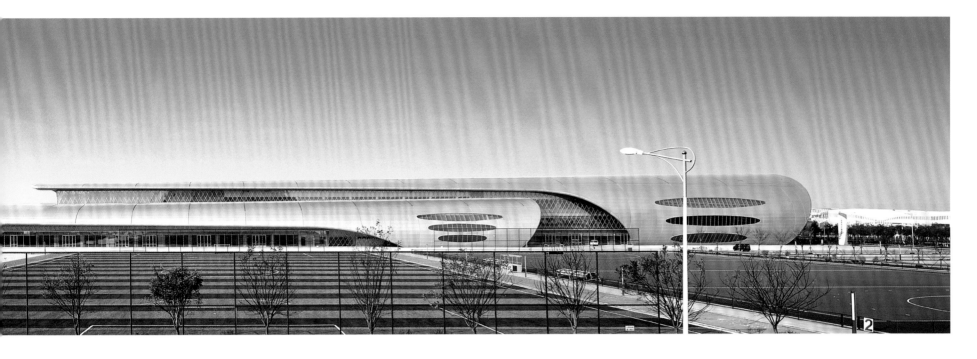

天津体育中心射击馆 TIANJIN SPORTS CENTER SHOOTING RANGE

天津团泊体育中心 · 射箭场
Tianjin Tuanbo Sports Center · Archery Range

建 设 地 点	Location	天津团泊体育中心
设计/竣工时间	Design / Completion Date	2015 年 / 2017 年
用 地 面 积	Site Area	44 340 m²
建 筑 面 积	Floor Area	7 630 m²
主体建筑高度	Height of Main Building	13.50 m

　　射箭场造型来源于弓箭的箭头，富有立体感的箭头直插地下，整齐排列，形成有规则和韵律的形状，构成极富特点和个性的建筑形态，形成独特的造型和韵律，具有很强的视觉冲击力。

　　射箭场尺寸为 180 m×60 m，主体 1 层，局部 2 层，设有 2017 年全运会射箭比赛训练馆及附属设施。训练场地中间部分为射箭区，左右各设 8 个箭道，两侧为挡箭牌。北侧为运动员和裁判员的房间、更衣区和休息区。北侧的各个房间按功能需要布置，满足运动员、裁判员、各类体育工作人员的需求。

　　在第十三届全运会比赛期间，运动员可从南侧入口进入热身场地，通过更衣休息区，直达候箭区，进入预赛和决赛场地，交通流线清晰便捷。

　　非比赛期间，射箭场可结合室内场地特点，举办多种体育休闲项目，包括室内射箭、篮球、网球、跆拳道等，达到可持续利用的目标。

天津团泊体育中心 · 曲棍球场
Tianjin Tuanbo Sports Center · Hockey Field

建 设 地 点	Location	天津团泊体育中心
设计/竣工时间	Design / Completion Date	2010 年 / 2012 年
用 地 面 积	Site Area	54 920 m²
建 筑 面 积	Floor Area	4 568 m²
主体建筑高度	Height of Main Building	31 m
观 众 席 座 位	Auditorium Seats	2 100 座

　　曲棍球看台用地紧邻自行车馆和射击馆。由于两座大体量体育建筑对曲棍球看台用地形成一定的压迫，所以设计采用弧线形平面轮廓，充满张力和动感，蕴含积极、向上的体育精神。沿弧线放射状倾斜的立柱仿佛运动员手中挥动的球棍，象征着力量。支撑看台膜结构顶棚的桁架，向心地指向前方的大拱，体现着这一集体项目的团队精神。如贝壳状的建筑主体简洁并富有感染力。

　　建筑平面采用"弓"字形平面，直边贴合场地形状，曲边则延伸至建筑前广场。建筑首层设有运动员休息区、裁判休息区、媒体区、国际曲协组委会办公区及其他附属用房。为保证各区运行上的独立和便利，采用竖向分层：观众活动区位于 2 层，内部人员活动区位于 1 层，贵宾休息区则被创造性地集中设置在 3 层。

　　曲棍球看台采用钢筋混凝土框架结构，上部钢结构罩棚为骨架式膜结构。钢结构罩棚为当时国内跨度最大的骨架式膜结构罩棚。

天津团泊体育中心 · 棒球比赛场

Tianjin Tuanbo Sports Center · Baseball Field

建 设 地 点	Location	天津团泊体育中心
设计/竣工时间	Design / Completion Date	2015 年 / 2017 年
用 地 面 积	Site Area	19 990 m²
建 筑 面 积	Floor Area	6 000 m²
主体建筑高度	Height of Main Building	16.60 m
观 众 席 座 位	Auditorium Seats	3 605 座

棒球比赛场地与垒球比赛场地相邻，由集中绿化场地东西相隔，各自分别包括比赛场地与练习场地。

棒球比赛场地及活动座椅、临时用房已于 2013 年建成并投入使用，为满足 2017 年第十三届全运会棒球比赛项目赛事需求，设计团队移除原有活动看台，拆除原有运动员区和功能区附属用房，建设一个平面为"V"形的固定座椅式看台及附属用房。

棒球比赛场看台造型设计力求以建筑的语汇传达棒球运动力与美的完美融合。沿外部轮廓倾斜且有韵律的立柱仿佛棒球运动员手中挥动的球棍，象征着力量；支撑看台膜结构顶棚的桁架向心的指向体现着这一集体项目的团队精神。立面不增加繁复的装饰，只是合理地暴露出骨架的膜结构构件，形成简洁、现代的建筑形象的同时，也营造了富有韵律的天际轮廓线。

天津财经大学综合体育馆

Comprehensive Gymnasium of Tianjin University of Finance and Economics

建 设 地 点	Location	天津财经大学
设计/竣工时间	Design / Completion Date	2014 年 / 2017 年
用 地 面 积	Site Area	19 850 m²
建 筑 面 积	Floor Area	15 000 m²
主体建筑高度	Height of Main Building	23.90 m
观 众 席 座 位	Auditorium Seats	4 000 座

　　本项目包括比赛馆和训练馆两个场馆，内庭院将二者围合在一起。比赛馆可满足手球、网球、篮球、排球、羽毛球、乒乓球、体操等项目的比赛要求，还可兼做大型会议、中型文艺演出和群众性体育活动的场馆。训练馆赛时可作为体操、手球、篮球、排球、羽毛球的赛前热身训练场地，平时可用于学校体育教学、教职工和学生课余活动，同时为社会体育活动的开展提供便利。综合体育馆于 2017 年承办第十三届全运会女篮比赛。

　　体育馆整体造型结合校园文化轴线及周边城市道路的关系，融入"书"的造型，最终形成兼有体育建筑张弛感及文化内涵的形式，寓意知识创造财富，财富是财经的核心。建筑外立面采用干挂石材装饰幕墙、玻璃幕墙和金属幕墙，屋面采用铝镁锰金属屋面板，从校园内部或从城市道路视角都体现出简洁大气、时尚现代的形象。

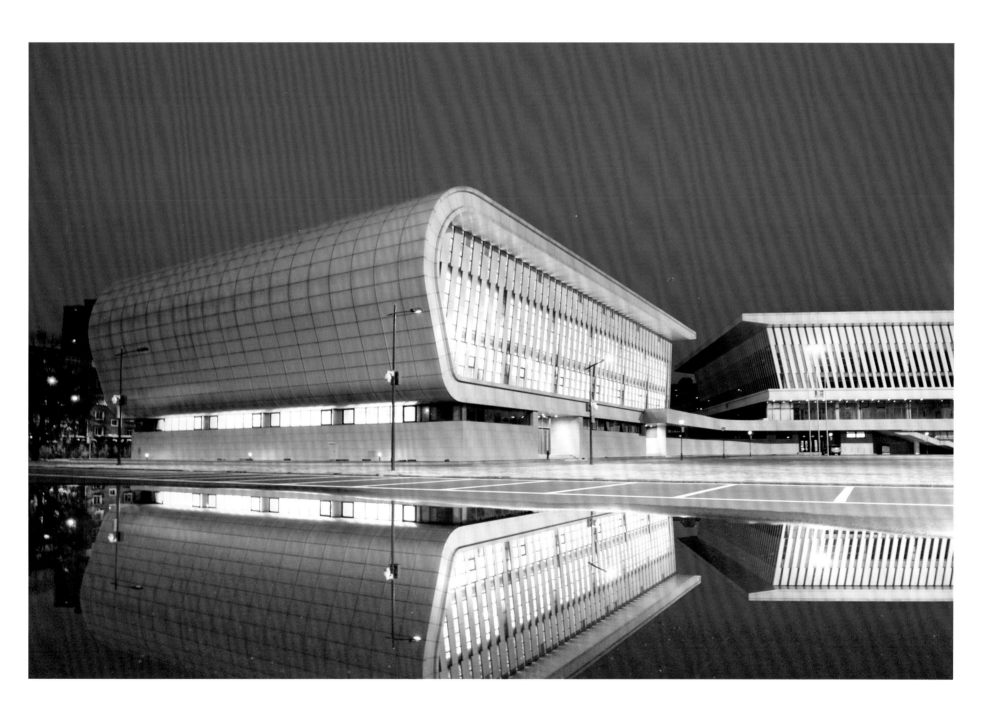

厦门工人体育馆
Xiamen Workers Gymnasium

建 设 地 点	Location	福建省厦门市思明区体育路
设计/竣工时间	Design / Completion Date	2006 年 / 2008 年
用 地 面 积	Site Area	92 567 m²
建 筑 面 积	Floor Area	59 356 m²
主体建筑高度	Height of Main Building	27 m
观 众 席 座 位	Auditorium Seats	4 626 座
合作设计项目	Co-design Project	

/ 厦门市唯一一座以膜结构覆盖的体育馆，充分展示膜结构的特色和柔美 /

厦门工人体育馆是厦门市委、市政府为丰富职工群众文体活动、完善城市体育设施而新建的综合性群众体育健身活动场馆。

综合馆可满足手球、篮球、排球、羽毛球、乒乓球等国内单项体育比赛需求，同时也可作为大型文艺演出、会议展览等的场所。游泳馆建筑面积 7 830 m²，设有常年恒温的标准训练游泳池，内有 50 m×21 m 的泳道。羽毛球馆建筑面积 6 630 m²，设有 18 块羽毛球场；网球馆建筑面积 2 080 m²，设有两块 18.97 m×36.57 m 的标准场地；乒乓球馆建筑面积 1 184 m²，设有 20 张乒乓球台。工人体育馆地下配套建设 3 万 m² 大型商场及停车场，与毗邻的文化艺术中心一同构成厦门市集文化、体育、休闲、娱乐、购物、旅游、集会为一体的文体精品片区。

呼和浩特市体育中心
Hohhot Sports Center

建 设 地 点	Location	内蒙古自治区呼和浩特市成吉思汗大街
设计/竣工时间	Design / Completion Date	2013 年 / 在建
用 地 面 积	Site Area	167 188 m²
建 筑 面 积	Floor Area	124 559 m²
主体建筑高度	Height of Main Building	33.05 m
观 众 席 座 位	Auditorium Seats	6 649 座

/ 形式服务于空间，实现建筑造型与菱形钢结构的统一 /

　　本项目结合蒙元文化特色，形成具有独特文化底蕴的城市建筑群落。呼和浩特市体育中心包含游泳跳水馆、体育馆、体育运动学校等。两个场馆位于贯穿项目基地南北轴线的起始端，通过连廊与南侧体育运动学校相接，并与内蒙古体育场、体育馆相邻，共同构筑出成吉思汗大街的重要景观。

　　游泳跳水馆为甲级体育建筑，设观众席 3 187 座，可承办国际赛事。比赛区域设有国际标准游泳比赛池，设 10 条泳道，可举办水球、花样游泳比赛；国际标准跳水池设 6 块 1 米板，3 块 3 米板，设 3 米、5 米、7.5 米、10 米跳台各一个。游泳跳水馆的建成使呼和浩特市具备了承办国际级游泳比赛的条件，完备的赛后利用系统起到带动游泳项目发展、提升整体利用水平的作用。

　　本体育馆为乙级体育建筑，设观众席 3 462 座，可承办国家级赛事，采用木地板和真冰滑冰场地切换模式，可以举办篮球、排球、羽毛球、手球等球类项目比赛，也可举办冰球、冰壶、短道速滑等冰上运动赛事。

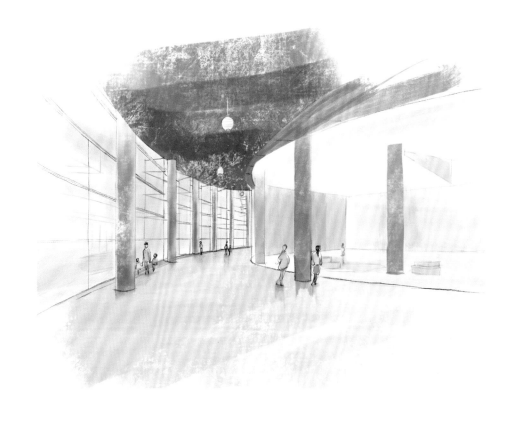

呼和浩特市城南体育馆暨赛罕区全民健身中心

Hohhot Chengnan Gymnasium and Saihan District National Fitness Center

建 设 地 点	Location	内蒙古自治区呼和浩特市赛罕区
设计/竣工时间	Design / Completion Date	2016 年 / 在建
用 地 面 积	Site Area	100 000 m²
建 筑 面 积	Floor Area	41 000 m²
主体建筑高度	Height of Main Building	29.30 m
观 众 席 座 位	Auditorium Seats	4 800 座

/ "如意祥云"，集体育、文化、购物、休闲、公园于一体的体育综合体 /

　　本项目的建筑造型取意于"如意祥云"，传承了蒙元文化的外在美学，形象完整统一，寓意"万事顺利，吉祥如意"。本项目的功能定位为集体育、文化、购物、休闲、公园等功能为一体的体育综合体建筑，创新地提出"赛普思卡"概念，在体育馆、文体、健身三大功能模块基础上，增加商业设施、体育公园、室外活动场地等配套设施，激发区域活力，打造一个阳光体育休闲中心。

　　体育馆可满足举办全国单项比赛的要求，充分考虑平赛结合，兼顾展览、文艺演出等功能，最大限度地发挥其社会效益和经济效益；全民健身馆可满足全民健身、文化、阅览等功能需求，内部通过一条体育主体商业内街实现多元功能结合，有效增加体育、文化场馆的使用频率。

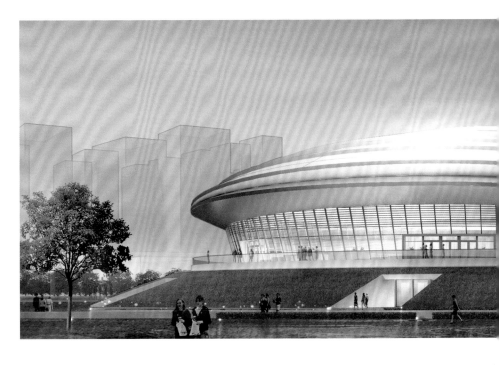

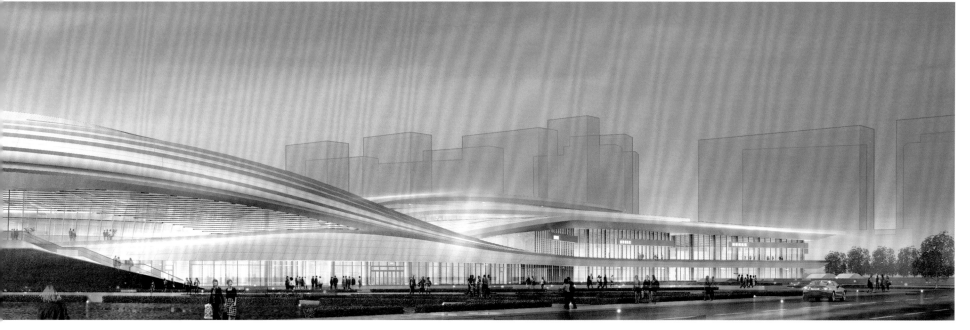

河北工业大学多功能风雨操场

Multifunction Stormy Playground of Hebei University of Technology

建 设 地 点	Location	天津市北辰区西平道
设计/竣工时间	Design / Completion Date	2017 年 / 在建
用 地 面 积	Site Area	24 495 m²
建 筑 面 积	Floor Area	14 000 m²
主体建筑高度	Height of Main Building	24 m
观 众 席 座 位	Auditorium Seats	5 000 座

/ 采用"运动盒子（Sports Box）"的设计理念，通过参数化技术手段对传统红砖元素符号进行提取演绎、传承创新，打造现代多功能体育场馆 /

　　本项目充分权衡建筑尺度和场地环境，以方形为主导打造场馆形象，聚巧形以展势，打造"运动盒子（Sports Box）"体育馆。建筑表皮传承历史的红砖元素，再对现代材料进行理性排列，演绎传承创新、有序变化的肌理。

　　设计注重绿建节能，实现生态环保、低碳健康的建筑理念；在规模有限的条件下，延伸体育馆功能，充分利用屋面，以降低运营成本为宗旨，创建开放、立体、有趣的休闲运动空间。围绕比赛场地布置的各功能区各具入口，互不干扰。主馆平台和副馆屋顶相连，组成环状的从地至顶、曲折上升的立体线路，打造流线便捷的交通动线及立体慢行系统。下沉式篮球场和"之"字形台阶绿坡营建出步移景异的运动景观。

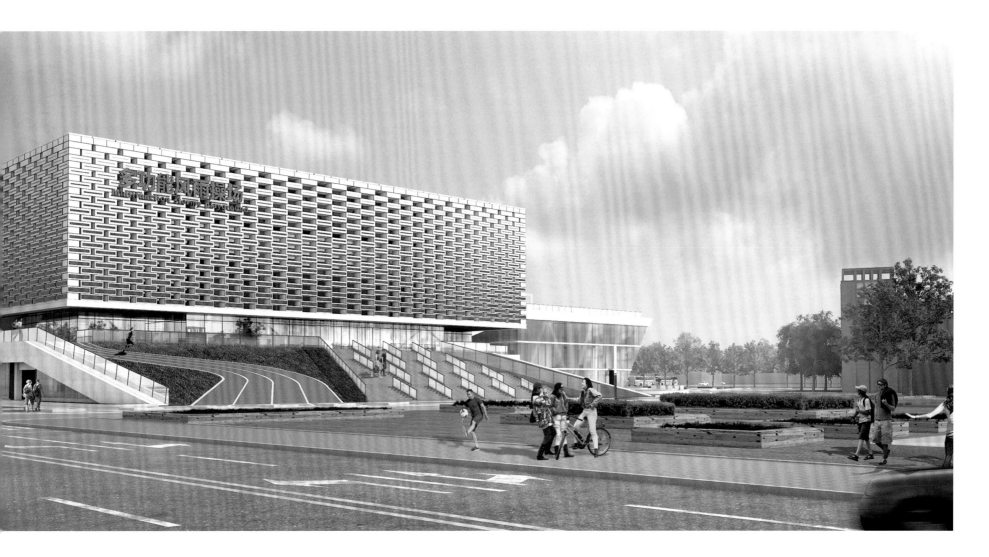

办公建筑 | OFFICE BUILDINGS

108

津湾广场 9 号楼

Building 9 of Jinwan
Plaza

130

国家知识产权局专利
审查协作天津中心

Patent Examination
Cooperation (Tianjin) Center
of China National Intellectual
Property Administration

146

汇津广场

Huijin Square

112

天津电视台梅地亚艺
术中心

Tianjin TV Media Art
Center

132

新疆霍尔果斯口岸南
部联检区

Southern Joint Inspection
Area of Xinjiang Horgos Port

148

清数科技园

Qingshu Science and
Technology Park

116

天津数字广播大厦

Tianjin Digital
Broadcasting Building

134

郑发大厦

Zhengfa Building

京津冀协同发展新动
能引育创新平台

Beijing – Tianjin – Hebei Region
Synergy Development New
Driving Force Introduction and
Innovation Platform

120

渤海银行业务综合楼

Bohai Bank Business
Complex Building

136

天津市建筑设计研究院
有限公司新建综合楼

New Complex Building of
Tianjin Architecture Design
Institute Co.Ltd

国家乳业创新基地

National Dairy Innovation
Base

122

天津嘉里中心

Tianjin Kerry Center

138

天津农商银行制卡生
产项目

Card Printing Production
Project of Tianjin Rural
Commercial Bank

154

云南电网生产调度指
挥中心

Production Dispatching
Command Center of Yunnan
Power Grid Corporation

124

天津生态城信息大厦

Tianjin Eco City
Information Building

140

中国农业银行股份有限
公司天津客户服务中心

Agricultural Bank of China
Tianjin Customer Service
Center

156

平安泰达国际金融中心

PingAn TEDA
International Financial
Center

126

万通大厦

Wantong Building

142

解放南路文体中心

Jiefang South Road
Cultural and Sports
Center

128

天保国际商务园

Tianbao International
Business Park

144

滨海文化商务中心

Binhai Cultural and
Business Center

津湾广场 9 号楼
Building 9 of Jinwan Plaza

建 设 地 点	Location	天津市和平区解放路
设计/竣工时间	Design / Completion Date	2011 年 / 2018 年
用 地 面 积	Site Area	13 247 m²
建 筑 面 积	Floor Area	209 500 m²
主体建筑高度	Height of Main Building	299.80 m

/ 天津建院 300 米超高层原创设计写字楼 /

　　津湾广场 9 号楼为天津建院原创设计的超高层建筑，位于拥有众多优秀历史建筑的解放北路，功能包含办公及附属商业。设计结合原有道路网格进行棋盘式布局，沿街界面和建筑体量尊重历史，立面尺度、风格与解放北路良好融合。

　　项目紧邻天津市特殊保护等级历史风貌建筑原盐业银行大楼（现中国工商银行），充分考虑其安全性及新生与利用。70 层塔楼设两处空中转换大堂和 6 部穿梭电梯，电梯运载能力达到国内高级写字楼交通标准。通过风洞试验，设计团队优化建筑体量，控制顶部最大风力下层间位移角。办公大堂采用巨柱与空间桁架，实现高度 18 m、局部跨度 22.5 m 的无柱高大空间。塔楼顶部采用斜柱转换，完成塔楼复杂体量的收进。建筑整体造型大方稳重，功能布局合理，交通流线简洁，结构体系科学，成为海河沿岸的永恒地标。

天津电视台梅地亚艺术中心
Tianjin TV Media Art Center

建 设 地 点	Location	天津市河西区梅江道
设计/竣工时间	Design / Completion Date	2012 年 / 2017 年
用 地 面 积	Site Area	147 772 m²
建 筑 面 积	Floor Area	99 980 m²
主体建筑高度	Height of Main Building	83.40 m

/设计通过引入一条旋转长廊，强化内外交流，激发区域活力，打造城市客厅/

有机统一：尊重城市肌理，和谐建筑组群。作为天津电视台一期工程的延伸和补充，新建筑的造型及体量与既有建筑群和谐统一，形成整体。

和而不同：造型现代简约，形式功能交融。建筑体量由一个舒展悬浮于空中的水平体块与两个垂直挺拔的竖向体块穿插组合构成，简洁干脆地将电视剧场、接待酒店和商务办公楼完美组织起来。

公共开放：强化内外交流，塑造公共界面。设计引入一条宽敞的旋转长廊，其沿观众休息厅外部盘旋上升，将人流引向空中不同高度的观景平台，内外空间交错流动，人工、自然景观交相辉映。

剧场设计：契合电视定位，使用形式多元。多功能剧场共设 1 160 个座位，定位专业电视剧场，采用全国首例超大型、可升降舞台前区，使剧场具有多种布局可能性。

天津数字广播大厦
Tianjin Digital Broadcasting Building

建 设 地 点	Location	天津市和平区卫津路
设计/竣工时间	Design / Completion Date	2011 年 / 2015 年
用 地 面 积	Site Area	18 000 m²
建 筑 面 积	Floor Area	64 000 m²
主体建筑高度	Height of Main Building	99.90 m

/ 建筑体量与造型设计充分考虑与城市空间相融合、与既有建筑相呼应，进一步丰富天际线轮廓，提升城市风貌 /

　　天津数字广播大厦是为适应天津人民广播电台宣传建设发展态势，提供制作播出节目、行政办公、社会服务等媒体功能的大型综合性高层建筑。

　　和谐于城市：基地与天津大学相望，大厦与原有城市空间形态相融合，丰富卫津路沿街天际线轮廓，提高城市环境舒适度和优美度，对提升城市形象具有积极作用。

　　和谐于功能：设计遵循电视媒体工艺设计原则和技术方法，充分考虑先进的广播多媒体制作流程，进行综合化、专业化设计。在满足使用需求的前提下，设计团队精心组织各类流线和空间布局，使功能分区清晰明确，制作流程通畅合理。

　　和谐于形象：建筑形象设计综合考虑原有建筑形态和自身功能特色。表皮采用竖线条肌理，顶部宽窄变化仿佛钢琴琴键，暗喻"建筑是凝固的音乐"的特质，建筑顶部造型丰富，体现广播媒体类建筑的性格特征。

渤海银行业务综合楼

Bohai Bank Business Complex Building

建 设 地 点	Location	天津市河东区海河东路
设计/竣工时间	Design / Completion Date	2010 年 / 2016 年
用 地 面 积	Site Area	31 094 m²
建 筑 面 积	Floor Area	187 000 m²
主体建筑高度	Height of Main Building	270 m
合作设计项目	Co-design Project	

/ 延续都市文脉，整合城市空间，高标准打造金融中心地标银行 /

　　渤海银行业务综合楼为超高层银行总部办公建筑，通过山的概念体现银行建筑的稳重、坚定。设计从城市规划空间角度着重解决巨大的建筑体量与周边建筑、景观和谐的问题；设置建筑设备管理系统，通过空调智能模糊控制、直接数字控制（DDC）、智能照明等降低运行能耗；优化结构选型，克服结构高度超限等技术难点。在技术创新方面，设计方案通过明确功能分区、简化交通流线，便于银行开展业务；通过玻璃中庭，提供"城市客厅"，合理解决交通密集区与银行经营的冲突并创造商业价值。办公塔楼山墙平行于海河，具有良好的景观视角，建筑体量构成及幕墙设计使建筑整体造型大方稳重，成为海河沿岸的永恒地标。

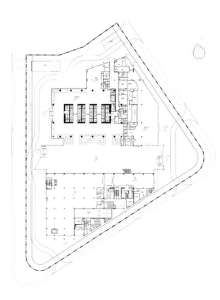

天津嘉里中心
Tianjin Kerry Center

建 设 地 点	Location	天津市河东区海河东路
设计/竣工时间	Design / Completion Date	2008 年 /2015 年
用 地 面 积	Site Area	86 160 m²
建 筑 面 积	Floor Area	736 232 m²
主体建筑高度	Height of Main Building	333 m
合作设计项目	Co-design Project	

天津嘉里中心项目包括商场、办公楼、公寓、酒店和酒店式公寓等功能。商场被设置在沿六纬路方向的 4 层裙楼内,地下有滨海快速 9 号线通过。3 栋公寓位于项目的中间,矗立在商场裙楼上方。高层办公楼及酒店式公寓塔楼被布置在用地东南角,充分利用了从保定桥上眺望海河的景观优势。酒店塔楼及裙楼位于用地西侧边缘临河处。两座跨越海河东路的行人路桥将项目连接至海滨人行道。5 座建筑分布在用地的 3 边,为中央创造出一个中央花园。地下室有 3 层,还有 1 个夹层。地下 1 层设有商场设施,为了给人们提供方便,商场与轻轨相连接。景观设计考虑都市商业和河滨休憩的协调,商业空间内外连续,住宅和商业区连贯且互不干扰,办公楼和酒店的动线划分合理清晰。

天津生态城信息大厦
Tianjin Eco City Information Building

建 设 地 点	Location	天津市滨海新区中新天津生态城
设计/竣工时间	Design / Completion Date	2012 年 / 2018 年
用 地 面 积	Site Area	111 176 m²
建 筑 面 积	Floor Area	35 866 m²
主体建筑高度	Height of Main Building	60 m

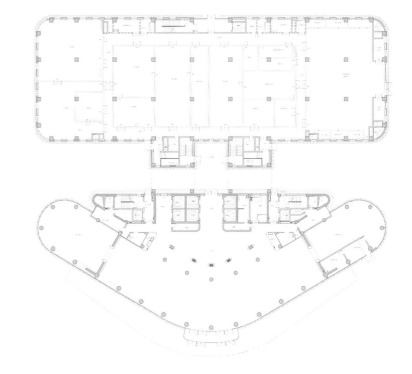

/ 通过水平、垂直遮阳系统和内部中庭自然通风等技术手段，将主动节能与被动节能措施相结合，打造生态城绿建三星数据处理中心 /

  本项目作为天津生态城重要的数据处理中心，包含研发大厦与数据中心，以满足"国家绿建三星"为绿建设计目标，通过主动节能及被动节能措施降低建筑能耗。

  建筑整体顺应主干道延展方向，同时与街角甘露溪景观带留有对话空间，保证开阔的景观视野。外区布置需要良好朝向和采光的功能房间，外立面设计水平遮阳系统，高层区研发楼立面设计垂直遮阳系统，"鱼鳞"形表皮阻挡阳光照射并形成通光腔体带走热流。内区布置一个三角形中庭，通过侧高窗进行排风，实现过渡季节时大厅内的空气循环。建筑高区屋顶的 BIPV（光伏建筑一体化）设计，采用倾斜 30° 的光伏板。裙房屋顶布置屋顶绿化，适应性很好的佛甲草可改善屋顶小气候，丰富屋顶景观。

万通大厦
Wantong Building

建 设 地 点	Location	天津市和平区解放北路
设计/竣工时间	Design / Completion Date	2011 年 / 2017 年
用 地 面 积	Site Area	8 706 m²
建 筑 面 积	Floor Area	93 557 m²
主体建筑高度	Height of Main Building	184.40 m
合作设计项目	Co-design Project	

/ 通过对建筑形体和立面的切削及扭转，形成简洁大方的建筑形体，向天津展示庄重稳健、典雅精致的形象，同时为城市和公众提供绿色可持续发展的现代节能空间 /

万通大厦为综合体建筑，分高层塔楼和裙房部分，高层塔楼为办公楼，裙房功能为商业。地下室为汽车库及人防区域。简洁大方的建筑形体向天津展示庄重稳健、典雅精致的形象，同时为城市和公众提供绿色可持续发展的现代节能空间。

整座建筑与基地周边环境相协调。商业入口位于北面，与周边商业购物街形成商业广场。裙房屋顶花园与南侧的城市公园相呼应，形成立体绿色空间体；塔楼北侧的布置考虑景观和日照要求；东西立面采用竖向锯齿幕墙有效遮阳，并且从下至上扭转，形成"扭动"的立面；南立面下宽上窄，稳健有力，金属幕墙和斜面玻璃交替上升，平折交错，虚实、明暗交替。同时，斜面玻璃具有自遮阳和低反射功能，既优化自然采光，又降低了表面的日照受热；北立面竖向玻璃幕墙竖直挺拔、高耸，表现了建筑向上的线条。

天保国际商务园
Tianbao International Business Park

建 设 地 点	Location	天津市空港经济区
设计/竣工时间	Design / Completion Date	2009 年 / 2011 年
用 地 面 积	Site Area	437 660 m²
建 筑 面 积	Floor Area	852 699 m²
主体建筑高度	Height of Main Building	32 m
合作设计项目	Co-design Project	

/ 公园里的园区，"园、景、筑"三位一体 /

　　天保国际商务园位于天津空港经济区北部中心商务区组团南北向景观轴线的起始点，为集总部经济、研发、办公等于一体的综合商务功能园区。商务园的建筑体形和外部空间简洁明确，由中心大道分为 A 区和 B 区两个部分。两个地块隔路相望，形成鲜明的对位关系。景观轴上 A 区生态湖与 B 区下沉广场相呼应，巧妙地将由圆形和矩形这两种最简单几何形态构成的园区联系起来，并利用简洁的立面元素创造出富有韵律感的单体建筑，赋予周边环境以全新的个性。园区采用开放式管理模式，建筑空间简洁、自然，透过建筑之间的空隙，可以望见中央湖景与绿化景观。湖边绿化结合湖滨散步道，形成人与自然和谐共生的区域。生态人工湖成为园区雨水收集系统的组成部分。湖中的两个生态半岛为园区能源中心，有园区的生态水净化系统。绿色植被覆盖的建筑屋面改善了屋顶生态环境，也为高处视角提供了别样景观。

国家知识产权局专利审查协作天津中心

Patent Examination Cooperation (Tianjin) Center of China National Intellectual Property Administration

建 设 地 点	Location	天津市东丽区金地企业总部
设计/竣工时间	Design / Completion Date	2016 年 / 2020 年
用 地 面 积	Site Area	60 300 m²
建 筑 面 积	Floor Area	109 000 m²
主体建筑高度	Height of Main Building	45 m

/ 因地制宜、内外兼修的企业总部 /

国家知识产权局专利审查协作天津中心是天津市"京津冀协同发展重大建设项目",极大提升了天津知识产权服务能力,在区域内实现创新要素、高端人才和知识产权高端服务业三大聚集,为知识产权强国建设、深化知识产权综合体制改革、京津冀协同发展提供动力,打造具有国际影响力的产业创新中心。

设计从总图布局、建筑形象、可持续设计 3 个方面入手。

总体布局呈围合之势,因地制宜地营造"内外兼修"的企业氛围,极具张力的建筑形象彰显着"智圆行方"的企业气质,层次丰富的细节处理契合"谨慎入微"的企业态度。设计团队通过生态模拟优化建筑布局与外檐,设置下沉庭院改善地下车库的通风采光,践行"低碳绿色"的企业理念。

新疆霍尔果斯口岸南部联检区

Southern Joint Inspection Area of Xinjiang Horgos Port

建 设 地 点	Location	新疆维吾尔自治区霍尔果斯市
设计/竣工时间	Design / Completion Date	2012 年 / 2018 年
用 地 面 积	Site Area	587 630 m²
建 筑 面 积	Floor Area	55 648 m²
主体建筑高度	Height of Main Building	37.65 m

项目包括旅检大厅、国门联检服务楼、货检区及其他办公建筑。设计在为建筑赋予文化底蕴的同时，力求展现当代中国腾飞崛起的丰硕成果，结合霍尔果斯的历史文化、地域特征和在"一带一路"中的重要定位，遵循标志性、文化性、地域性的设计原则，打造"一带一路"上具有"标志性、文化性、地域性"的口岸建筑。

结构设计充分考虑地震、超重雪荷载等多种工况、环境下对大跨度、大空间网架的变形控制，充分考虑吊装质量高达 470 t 钢结构桁架的安装难度，提出合理优化的解决措施，解决超重荷载控制及超重桁架安装的难题。

本项目采用国内首例"大通关"模式，实现边检、海关、国检一体式查验通关，合理组织交通流线，有效提高通关效率，为扩大贸易往来、加快形成亚欧国际物流商旅集散地提供支撑和保障。

郑发大厦
Zhengfa Building

建 设 地 点	Location	河南省郑州市中原区中原西路
设计/竣工时间	Design / Completion Date	2014 年 / 2019 年
用 地 面 积	Site Area	47 623 m²
建 筑 面 积	Floor Area	126 941 m²
主体建筑高度	Height of Main Building	39.05 m

/ 国内首创"审批街"理念的全人性化政务服务中心 /

本项目位于郑州市西部市民公共文化服务区核心区域，作用为补充市民服务功能、疏解中心区功能、服务百姓办事、展示城市形象。

本项目利用"围与放""分与合"的处理手法，将五大功能体块——市级审批中心、区级审批中心、公共资源交易平台、大数据中心、商务办公区整合为"小围大放、内分外和"的整体。

本项目创新地提出"审批街"及审批单元"大标准层"概念，清晰分隔五大功能空间，利用建筑空间主轴将各审批单元串联为整体，流线"有分有合"，顺畅地疏导人流；下部审批办理，上部后台办公，清晰分隔人群，量身塑造空间。

建筑立面整体协调统一、底托顶收，通过内凹斜梢式切割手法强调入口，展现体量特征，并通过夜景照明设计强化建筑的雕塑感和可识别性。

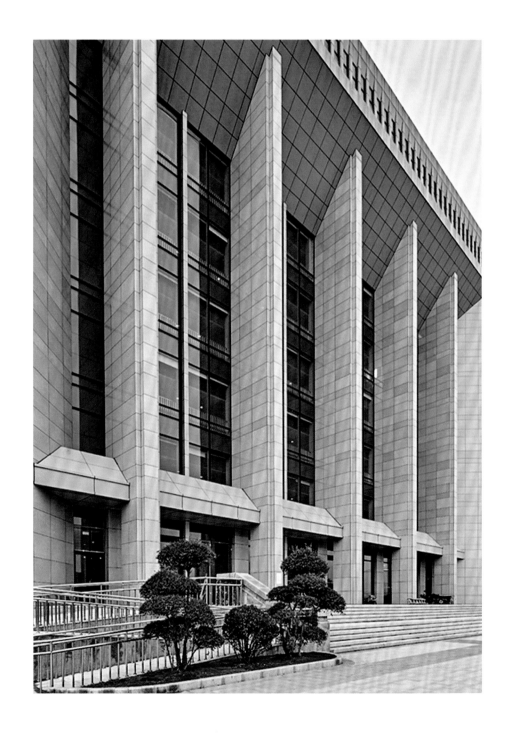

天津市建筑设计研究院有限公司新建综合楼
New Complex Building of Tianjin Architecture Design Institute Co.Ltd

建 设 地 点	Location	天津市河西区气象台路
设计/竣工时间	Design / Completion Date	2011 年 / 2015 年
用 地 面 积	Site Area	13 200 m²
建 筑 面 积	Floor Area	31 250 m²
主体建筑高度	Height of Main Building	45 m

　　本项目是一幢集研发、接待、会议、办公等功能和设备用房于一体的综合性科研楼，主要目的是提升天津建院的科研办公条件，使其成为一座舒适、低碳、环保的绿色建筑，并成为该领域的样板楼、示范楼。业务用房总建筑面积为 20 600 m²，包含公共服务用房、设计部、研发部及设备用房。附属综合楼总建筑面积为 10 650 m²，主要用于机动车停放。

　　项目设计初始便以绿色建筑应用为切入点，遵循"被动优先、主动优化"的设计原则，因地制宜地将可持续设计、BIM（建筑信息模型）全过程应用、智能化集成平台建设等与建筑设计结合，充分利用可再生能源，采用近 30 项绿色建筑技术，设计能耗指标为 72 kWh/(m² · a)，节能率大于 50%。目前本项目已获得国标绿建三星级设计标识，入选住房和城乡建设部绿色建筑示范工程，天津市科委"美丽天津"科技示范工程，并获得 LEED（绿色建筑认证）金奖、GREEN MARK（绿色认证）铂金奖。

天津农商银行制卡生产项目

Card Printing Production Project of Tianjin Rural Commercial Bank

建 设 地 点	Location	天津市西青区赛达一经路
设计/竣工时间	Design / Completion Date	2012 年 / 2019 年
用 地 面 积	Site Area	54 467 m²
建 筑 面 积	Floor Area	116 407 m²
主体建筑高度	Height of Main Building	62 m

　　本项目作为天津农商银行后台服务中心，包括四大核心功能——综合楼、档案库、数据中心、金库(综合库房)。如果把营业厅看成银行的"表象"，那后台服务中心则是更为关键的"内在"，可以说它就是银行运行的心脏，为整个银行系统的稳定运行保驾护航。

　　在总体布局上，方形母题统一了建筑体量。建筑设计采用简洁现代的设计语言，凸显天津农商银行的气质特征。

　　综合楼建筑设计既满足各部门不同的功能需求，同时又实现多样化需求下的一体化设计。数据机房利用机房余热节约能源。综合库房清晰的流线设计使其使用效率得到提高。模数化的立面设计体现银行后台高效的特征。

中国农业银行股份有限公司天津客户服务中心
Agricultural Bank of China Tianjin Customer Service Center

建 设 地 点	Location	天津市西青区海泰大道
设计/竣工时间	Design / Completion Date	2010 年 / 2015 年
用 地 面 积	Site Area	42 462 m²
建 筑 面 积	Floor Area	120 000 m²
主体建筑高度	Height of Main Building	63 m

/ "万事如意"，实现传统建筑造型与现代银行的完美结合 /

　　本项目为集办公、管理、培训、食堂、住宿于一体的综合建筑。建筑功能复杂，平面布局呈弧形，裙房区域内灵活布置培训、食堂等功能空间，高层部分布置办公、住宿等功能空间，避免不同功能空间相互干扰。

　　本项目对大进深办公建筑的平面划分方式进行充分分析，通过增加共享空间的处理手法，依靠通高的共享中庭，化解进深过大带来的采光不足和通风不畅问题，改善了办公环境。住宿部分和办公区域采用室内、室外共享空间相分离的处理手法，满足不同功能房间对采光和通风的不同需求。

　　立面采用虚实对比的处理手法。立面大气磅礴、行云流水般的造型宛如中国传统文化的如意。4.5 m 的办公层高被划分为上下两个部分，与结构紧密配合，中间横向表皮的下端标高为 2.25 m，避免对室内视线造成干扰。

解放南路文体中心
Jiefang South Road Cultural and Sports Center

建 设 地 点	Location	天津市河西区解放南路
设计/竣工时间	Design / Completion Date	2012 年 / 2017 年
用 地 面 积	Site Area	13 875 m²
建 筑 面 积	Floor Area	11 660 m²
主体建筑高度	Height of Main Building	23.78 m

/ 以多种节能技术打造的绿建三星、超低能耗建筑 /

　　文体中心主要包含游泳池、羽毛球馆、活动用房、会议室等功能，服务半径覆盖解放南路地区起步区及邻近地区，为居民提供交流、健身、成人教育、文化活动等社区服务场所，完善居住区的社会职能。

　　建筑构思源于"生长"的概念，体现为环境而设计、为时间而设计、为使用者而设计。设计采用被动式生态节能措施结合主动式节能手段的建筑节能技术，整个设计从萌芽到定稿均基于可持续建筑设计的策略及概念，以求最终达到超低能耗及低碳建筑的设计目标，通过美国绿色建筑协会 LEED 铂金认证及我国绿色建筑三星认证。本建筑的能耗目标为每年 50~70 kWh/m²（普通建筑能耗的 40% 左右），碳排放量目标为每年 42.7~60 kgCO$_2$/m²（普通建筑碳排放量的 50% 左右）。

滨海文化商务中心
Binhai Cultural and Business Center

建 设 地 点	Location	天津市滨海新区大连东道
设计/竣工时间	Design / Completion Date	2008 年 / 2018 年
用 地 面 积	Site Area	304 300 m²
建 筑 面 积	Floor Area	501 000 m²
主体建筑高度	Height of Main Building	50.08 m

    本项目位于天津于家堡金融区和开发区商务区之间，周边交通联系便
捷，与滨海文化中心隔中央大道相望，具有良好的景观条件。本项目的落
成对于完善滨海新区核心区城市功能与空间形态具有重要意义。

    商务中心平面布局呈"品"字形，采用中轴对称的布局方式。围绕中
央绿地，轴线北端布置商务主楼，绿地两侧分列 4 栋商务辅楼，整个商务
中心坐落于统一的地下车库之上，功能联系便捷紧密。

    整体建筑风格简约大气，建筑外观空间尺度保持一致，每座建筑的细
节设置与功能又有各自的独特性。商务主楼外观舒展大气。商务辅楼外立
面采用竖向线条，四面入口采用巨型柱廊空间与玻璃幕墙结合，外墙采用
浅米色石材，建筑既具有古典气韵，也具有现代气质。室内空间宽敞明亮，
装饰风格简约沉稳，公共空间充分利用自然采光通风。室外空间布局严整，
绿化空间与建筑空间相互融合。

汇津广场
Huijin Square

建 设 地 点	Location	天津市空港经济区
设计/竣工时间	Design / Completion Date	2008 年 / 在建
用 地 面 积	Site Area	63 000 m²
建 筑 面 积	Floor Area	134 129 m²
主体建筑高度	Height of Main Building	42.60 m

/ 生态绿谷，商务公园 /

　　汇津广场位于天津市空港经济区高尔夫球场以北，主要功能为商务办公和部分沿街商业。项目以"生态绿谷，商务公园（ Business Park)"为设计理念，在尊重天津空港经济区整体风格的基础上，旨在打造可在公园中办公的绿色生态商务梦想。

　　"E"字形布局形成的开放式庭院为中心绿地向建筑的景观蔓延："高尔夫球场—中心绿地—平台绿化—下沉广场绿化"共同构成了多层次的立体生态景观。本项目寓丰富景观于简洁的体量之中，提升品质，简洁整齐的体块处理形成街墙，与空港经济区城市环境及道路相协调。丝网印刷玻璃、幕墙遮阳板等遮阳措施阻挡太阳辐射热量，形成宜人的绿色办公环境。

清数科技园
Qingshu Science and Technology Park

建 设 地 点	Location	天津市武清区海泰路
设计/竣工时间	Design / Completion Date	2017 年 / 在建
用 地 面 积	Site Area	46 921 m²
建 筑 面 积	Floor Area	143 184 m²
主体建筑高度	Height of Main Building	121 m

/ 领航旗舰，扬帆起航 /

  清数科技园位于京津冀三地交会处，是从京津高速由北京进入天津可看到的首个建筑群，落成后将作为天津面向北京展示自己科技实力与创新能力的窗口。本项目为 EPC 工程总承包项目，以船头作为设计母题，以"引领"作为设计出发点，在京津门户区域，描绘一幅扬帆远航的壮丽图景，也寓意科技产业新城在起步区的引领下乘风破浪、创造辉煌。

  为促进园区内部的非正式交流机会，总部办公区、中试实验区、综合行政楼被整合为一个整体。连续的体量围合出对内、对外两个重要的公共空间，对外打造共享的企业展厅，对内围合亲水的活力花园，体现出生产、生活、生态"三生合一"的设计理念。

  船头门厅上空设有"悬浮"的球形企业产品发布大厅。特有的力学结构体系创造出科幻的漂浮体验，内部空间营造出一种未来穹顶的氛围，打造出科技交流的圣殿。

京津冀协同发展新动能引育创新平台

Beijing-Tianjin-Hebei Region Synergy Development New Driving Force Introduction and Innovation Platform

建 设 地 点	Location	天津市滨海高新区华苑科技园
设计/竣工时间	Design / Completion Date	2020 年 / 在建
用 地 面 积	Site Area	18 126 m²
建 筑 面 积	Floor Area	104 600 m²
主体建筑高度	Height of Main Building	87.20 m

  本项目作为秉持京津冀协同发展理念，全力打造引育北京高新技术企业落户天津高新区的承接平台，为疏解北京非首都功能，建设好协同发展示范区奠定坚实基础。

  几何化的建筑造型自带流量属性，彰显出自媒体时代企业建筑的话题感与视觉传播性。简洁的建筑语汇和有序的体量穿插，突出建筑体量感的同时实现了建筑内外空间的交织与渗透，彰显建筑的科技感与标志性。

国家乳业创新基地
National Dairy Innovation Base

建 设 地 点	Location	内蒙古自治区呼和浩特市阁牧镇
设计/竣工时间	Design / Completion Date	2021 年 / 在建
用 地 面 积	Site Area	22 213 m²
建 筑 面 积	Floor Area	45 137 m²
主体建筑高度	Height of Main Building	30.20 m
合作设计项目	Co-design Project	

本项目为集科学研发、学术交流、成果发布、科技旅游等功能于一体的多功能综合性科研建筑。开放性建筑空间为办公、科研提供灵活多变、可扩展的共享区域。

立面造型结合呼和浩特市的地域特质，以"风吹草原，草影婆娑"的抽象意象为基础，通过玻璃与铝板的渐变布置，以细致的表皮肌理呼应草原层叠茂密的线条形态和光影神韵，打造立面丰富的层次感和动感渐变的表皮肌理。

多专业管线错综复杂，设计团队采用 BIM 技术进行管线综合设计，采用自洁性 ETFE 膜气枕作为中庭覆盖材料，其硬度高、表面光滑、自洁性较高，适合内蒙古等风沙天气频繁的地区使用。

云南电网生产调度指挥中心

Production Dispatching Command Center of Yunnan Power Grid Corporation

建 设 地 点	Location	云南省昆明市滇池旅游度假区
设计/竣工时间	Design / Completion Date	2013 年 / 2022 年
用 地 面 积	Site Area	69 804 m²
建 筑 面 积	Floor Area	155 808 m²
主体建筑高度	Height of Main Building	23.90 m

本项目设计遵循可持续发展理念，充分利用昆明的气候、景观资源，运用绿色生态发展规划，构筑起一个技术先进、功能合理、具有地域特色的建筑群。

设计团队利用架空连廊将园区内不同功能单体相联系，形成既各自独立又相互连接的有机整体。每座单体建筑都设置室外庭院或共享中庭，有效平衡室内外温度及湿度。同时整体建筑所围合的景观中轴充分体现昆明"四季如春"的气候特征，充分利用自然资源美化园区。

设计团队以"绿建二星"为设计目标，充分利用可再生能源，实现对生态环境的保护；引入海绵城市的设计理念，通过屋顶、地面、雨水花园的设计，实现对雨水的积存、渗透和净化，促进雨水资源化利用。

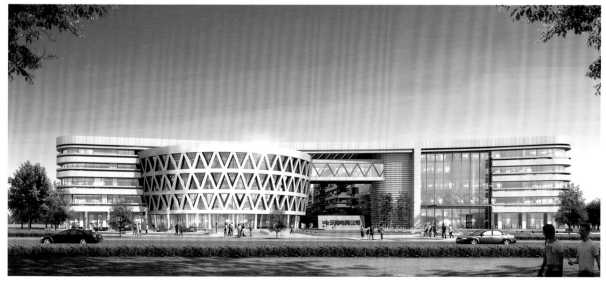

平安泰达国际金融中心
PingAn TEDA International Financial Center

建 设 地 点	Location	天津市河西区马场道
设计/竣工时间	Design / Completion Date	2016 年 / 在建
用 地 面 积	Site Area	16 200 m²
建 筑 面 积	Floor Area	306 666 m²
主体建筑高度	Height of Main Building	313 m
合作设计项目	Co-design Project	

/ 整合历史、景观、文化资源，打造高品质视觉地标和生活坐标 /

本项目紧邻传统历史街区，延续五大道历史文脉，同时毗邻天津中央金融商务区，是串联天津文化区块和商业区块的重要节点。设计团队在打造地标建筑的同时，协调周边环境，遵循规划原则，将周边历史街区的氛围和元素引入地块，使五大道的文化底蕴有机延伸到项目内部，为市民提供更为丰富的城市公共空间。

项目用地紧张，业态多元，由超高层办公塔楼、超高层公寓塔楼和大底盘商业区域组成，在高层之上可将津门美景尽收眼底。项目结合城市人流设置首层办公大堂，交通组织高效便捷，办公空间经模数化设计。居住公寓采用通廊式平面单元布置手法，避免归家路线交叉混乱，提升公寓品质。

本项目通过在商业屋面上设计屋顶花园景观，为办公和居住业态带来良好的环境资源，商业裙房各层室外平台与屋面景观呼应，形成立体层叠的景观体系，将本地块内办公和居住人流引入商业区，提升商业活力，也提高了办公居住品质，使项目内业态共赢，激发局域活力。

商业建筑 | COMMERCIAL BUILDINGS

160

天津 SM 城市广场
Tianjin SM City Plaza

176

深特广场
Shente Square

162

保定未来石商业综合体
Baoding Future Stone Commercial Complex

熙悦汇广场
Xiyuehui Square

164

京津冀珠宝基地
Beijing–Tianjin–Hebei Region Jewelry Base

180

仁恒海河广场
Renheng Haihe Plaza

166

天津天河城购物中心
Tianjin TeeMall

182

中海城市广场三期 A 地块
Zhonghai City Plaza Phase III Plot A

168

天津经济技术开发区西区商业综合体
Commercial Complex in Western District of Tianjin Economic–Technological Development Area

184

保定白沟王府 SOGO 项目
Baoding Baigou Wangfu SOGO Project

170

创意米兰广场
Creative Milan Square

172

济南海那城百联奥特莱斯广场
Jinan Hainacheng Bailian Outlets Plaza

174

中国铁建国际城诗景广场
Shijing Plaza in CRCC International City

天津 SM 城市广场
Tianjin SM City Plaza

建 设 地 点	Location	天津空港经济区
设计/竣工时间	Design / Completion Date	2010 年 / 2016 年
用 地 面 积	Site Area	435 466 m²
建 筑 面 积	Floor Area	539 239 m²
主体建筑高度	Height of Main Building	23.95 m
合作设计项目	Co-design Project	

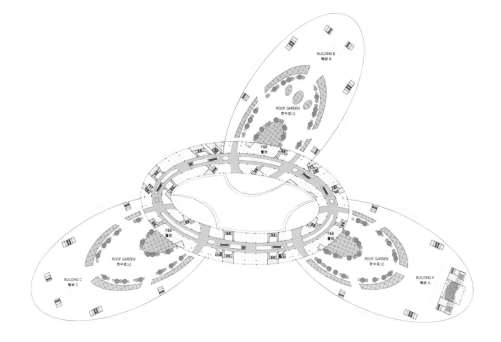

/ 独特的空间形态设计，为城市生活提供无限可能 /

　　天津 SM 城市广场建筑主体由 4 个椭圆形购物中心组成，犹如含苞待放的"巨型花朵"。每个椭圆设独立环路，组成商业楼水平交通系统。整个商业动线设计合理，适当地利用了每个椭圆端部的主力商业体引导人流，同时结合每个椭圆动线端部的电梯以及环路节点扶梯，组织竖向交通，整个商业楼形成了立体、高效、明晰的商业动线体系。由于商业楼单体建筑面积超大，东西侧长度为 700 m，每一个独立椭圆的进深为 135 m，通过消防论证，引入准安全区概念，合理优化建筑的消防设计。建筑结构采用独有的 18 m×15 m 柱网尺寸和环廊无柱设计，为商业各种业态提供灵活和开敞的空间。天津 SM 城市广场建成后可接纳万余顾客同时购物和休闲。

保定未来石商业综合体

Baoding Future Stone Commercial Complex

建 设 地 点	Location	河北省保定市东三环
设计/竣工时间	Design / Completion Date	2011 年 / 2018 年
用 地 面 积	Site Area	81 548 m²
建 筑 面 积	Floor Area	540 000 m²
主体建筑高度	Height of Main Building	99 m

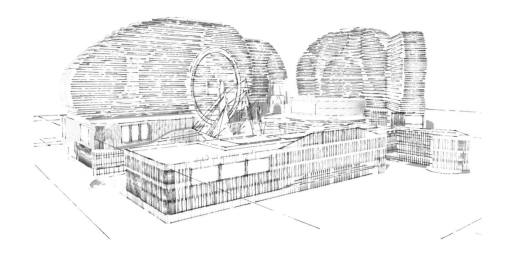

/ 传承燕赵文化底蕴、呈现未来城市之石、独具雕塑感的商业综合体 /

　　本设计着眼于超越符号化层面的标志性，在城市格局上整合完善保定新城区环湖商务中心，并顺应时代前瞻，立体复合地延续生态空间，更新城市形象与活力；创造性地发挥业态组合的经济效力，将城市生态、文化、经济等功能片段重新组织；打造工作、生活与游乐的舞台，与已有的生态、艺术殿堂形成互补，从城市场景上承接本区域文脉。本项目通过提供多样的业态组合，聚集商务中心成立所必需的人气，形成以人为本的群体地标。建筑传承燕赵文化的传统底蕴，呈现未来之石，丰富城市天际线，生成雕塑感极强的建筑形象。设计将建筑体量分散，设置观湖平台与通道，形成独具特色的"公园式购物"的商业综合体，利用消防性能化设计解决超大型商业消防疏散的问题。

京津冀珠宝基地
Beijing-Tianjin-Hebei Region Jewelry Base

建 设 地 点	Location	天津市南开区华苑产业园区
设计/竣工时间	Design / Completion Date	2015 年 / 2018 年
用 地 面 积	Site Area	35 372 m²
建 筑 面 积	Floor Area	120 580 m²
主体建筑高度	Height of Main Building	100 m

/ 以"绿色开放式园区"为设计理念，综合组织复杂的功能流线，现代建筑与珠宝文化有机结合 /

本设计力求以卓越的建筑布局和空间设计给珠宝产业更多的助力，营造一个活力开放的集首饰展示、工艺加工、文化交流等功能于一体的产业平台。

一核多元、三级结构：黄金珠宝展示中心、20 栋企业研发中心、中央景观带构成园区空间的 3 个层次，有动有静、相互渗透、互为补充。室内外空间衔接自然，引导大股人流经珠宝展示中心进入独栋企业总部。同时，中央景观带向城市开放，成为区域公共休闲活动的新中心。

人行双街：企业研发中心步行街和中央景观黄金珠宝展示中心步行街一主一次作为园区主要的展示流线，联系起裙房展示区与各独栋研发中心展示区，实现展示界面延伸最大化。

金玉相和：在立面设计中深入挖掘产业的文化特点，铝板幕墙"金"材质的体块和玻璃幕墙"玉"材质的体块互相包容，创造出充满文化气质的建筑形象。

天津天河城购物中心
Tianjin TeeMall

建设地点	Location	天津市和平区和平路
设计/竣工时间	Design / Completion Date	2013 年 / 2016 年
用地面积	Site Area	34 862 m²
建筑面积	Floor Area	205 270 m²
主体建筑高度	Height of Main Building	48.30 m
合作设计项目	Co-design Project	

/ 融于历史街区中的现代商业地标 /

天河城购物中心紧邻历史风貌建筑渤海大楼和盛锡福，为集超市、时尚购物、餐饮娱乐等功能于一体的大型购物广场。地下机动车停车场可存放 650 辆机动车和 1 000 辆非机动车，大规模的地下停车设施缓解了金街地区紧张的停车供需关系。作为地铁上盖项目，本项目结合双地铁及公交场站等公共交通设施以及周边城市道路的特点，精心组织流线，为顾客带来了很大便利。

建筑造型设计尊重周边历史建筑的特点，在和平路一侧采取渐退的设计方式，在空间上减少对历史建筑的影响，在立面元素上局部延用周边历史风貌建筑的立面设计元素，使项目与周边环境更好地融合在一起。

天津经济技术开发区西区商业综合体

Commercial Complex in Western District of Tianjin Economic-Technological Development Area

建 设 地 点	Location	天津经济技术开发区春华路
设计/竣工时间	Design / Completion Date	2013 年 / 2015 年
用 地 面 积	Site Area	14 968 m²
建 筑 面 积	Floor Area	16 384 m²
主体建筑高度	Height of Main Building	21.30 m

/ 建筑通过多种几何形体的变化与组合，成为开发区第一座极具工艺品特色的商业综合体项目 /

　　项目为一栋地上 4 层、局部地下 1 层的商业综合体，建筑功能多元化，设置商业、餐饮、超市、KTV、电玩、电影院等多种业态。作为开发区的第一个商业综合体建筑，本项目尽最大可能满足周边大众的购物休闲需求。内部空间设计注重在建筑内部形成环形的流线，同时将扶梯布置于共享空间，在水平交通和垂直交通两个方向上拉动客流。建筑设计执行国家绿色建筑一星标准，突出"节能、环保、简洁、实用"的原则，力求最大限度地节约资源、保护环境、减少污染，创造健康、适用和高效的使用空间。

　　建筑体形呈三角形、多边形及圆形等几何形体，通过一系列的空间组合，和现有建筑及场地相协调，极具工艺品的特点。项目投入运营后为周边人群提供了一个休闲、购物及娱乐的好去处。

创意米兰广场
Creative Milan Square

建 设 地 点	Location	天津市武清区前进道
设计/竣工时间	Design / Completion Date	2013 年 /2016 年
用 地 面 积	Site Area	45 268 m²
建 筑 面 积	Floor Area	45 457 m²
主体建筑高度	Height of Main Building	10.50 m

创意米兰广场

/ 沉浸式复古商业街区，远离都市的惊喜之旅 /

创意米兰广场项目引入"创意空间"的概念，分为精品欧式家居展销、休闲餐饮和创意文化办公等功能载体。空间规划借鉴国外先进的体验式购物中心模式，与西向的佛罗伦萨和威尼都小镇遥相呼应，共同打造京津高铁沿线高端文化综合商业区，使之成为推动武清区经济发展的又一强力引擎。

结合项目的业态定位与区域整体建筑氛围，空间设计以古欧洲街区为范本，汲取并融合尺度宜人且具有标志性的空间片段，延续经典欧洲建筑空间的开与合、连与断、凹与凸等特点，通过步行街将 5 个意式经典广场串联起来，让内部商业空间充满信息流动和视觉体验，使建筑与环境相协调。

济南海那城百联奥特莱斯广场
Jinan Hainacheng Bailian Outlets Plaza

建 设 地 点	Location	山东省济南市槐荫区美里路
设计/竣工时间	Design / Completion Date	2014 年 / 2016 年
用 地 面 积	Site Area	54 300 m²
建 筑 面 积	Floor Area	46 700 m²
主体建筑高度	Height of Main Building	8.90 m

/ 拥有浪漫风情的主题商业小镇，演绎休闲购物商业模式 /

    百联奥特莱斯广场是山东首家意式风情高端名品折扣中心，紧邻 G35 高速公路，交通十分便捷。建筑设计灵感源自浪漫水城威尼斯，提炼经典元素，原味重现威尼斯塔、圣马可广场、亚德里亚水街等经典建筑场景。设计团队以商业流线为骨架合理组织店铺空间，形成商业内街、节点广场、滨水开敞街道等丰富的商业空间，配以 6.67 万 m² 半岛式湖心公园、贯穿项目全程的观光小火车、游弋湖面的贡多拉船等休闲设施，将商业功能与休闲体验完美结合。随着国内外品牌签约进驻，本广场围绕"名品折扣、浪漫小镇、休闲乐园"主题，打造低价、方便、舒适的购物气氛和轻松、愉悦的休闲感受，给山东消费者带来前所未有的购物体验。

中国铁建国际城诗景广场

Shijing Plaza in CRCC International City

建 设 地 点	Location	天津市河北区金钟河大街
设计/竣工时间	Design / Completion Date	2015 年 / 2019 年
用 地 面 积	Site Area	24 410 m²
建 筑 面 积	Floor Area	210 000 m²
主体建筑高度	Height of Main Building	180 m

作为天津东北方向的城市形象门户，项目融合区域位置、文化特色，引进以公共交通为导向（TOD）的设计理念，兼顾物质产品追求和精神生活体验，打造多元业态高度复合的"城市航母"和城市精品健康生活典范。

构建 TOD 交通组织：项目涵盖办公、公寓、商业 3 种复合业态功能，借助多元公共交通对人流进行有效疏导；结合地铁协作设计，地下工程采用逆施技术保障同步施工。

流线布局合理，防火措施因地制宜：利用区域内合理的交通组织解决大进深场地、出入口受限与高效率商业的矛盾，提高商业广场的品质；地下二层局部商业部分与地铁站站厅层相连通，设置避难走道有效满足防火疏散要求。商业裙房的共享空间通过消防论证，因地制宜地分别按照中庭和亚安全区设计进行。

模拟优化区域交通，合理采用停车方式：该项目除采用平层停车与复式停车相结合的停车方式外，还增加巷道平移立体机械停车库以满足人们的停车需求。

深特广场
Shente Square

建 设 地 点	Location	天津市津南区辛庄镇
设计/竣工时间	Design / Completion Date	2014 年 / 2017 年
用 地 面 积	Site Area	91 100 m²
建 筑 面 积	Floor Area	185 800 m²
主体建筑高度	Height of Main Building	23.90 m

/ 绿色生态的流线型一站式商业综合体 /

　　设计团队秉承以人为本、建筑与生态并重的设计理念，注重整体结构与功能、环境的协调，营造商业街及购物中心相结合的体验式商业建筑。

　　整体布局结合生态建筑的概念，将大体量建筑与独特风格相融合，并在长条形建筑基础上增加各类绿化退台，在建筑物中段嵌入叶子形的体块，配合材料的变换，使立面看起来更富有活力。

　　商业街贯穿整座建筑。明确的流线、在功能上彼此互动的各种业态、开敞的节点广场，形成魅力十足的商业建筑。

　　立面设计主要运用白色铝板，入口处布置玻璃幕墙，强调虚实对比。简单的立面处理加入退台设计，突出了立面的立体感。主要节点使用玻璃幕墙，钢结构构架结合广告位布置，呈现出大气又不失时尚感的立面形象。

熙悦汇广场
Xiyuehui Square

建 设 地 点	Location	天津市南开区黄河道
设计/竣工时间	Design / Completion Date	2012 年 / 2015 年
用 地 面 积	Site Area	65 600 m²
建 筑 面 积	Floor Area	193 400 m²
主体建筑高度	Height of Main Building	150 m

/ 补足城市功能，注重市场运营，创造区域中心 /

　　熙悦汇广场一期项目包含购物中心、酒店型公寓、地下停车库及相关配套。本项目尊重城市原有肌理结构，创造现代、具有活力的城市商务核心空间。

　　本项目注重营造体验消费的商业空间，提供更大的商业展示面，增强引导性与通达性，增加消费者的购物乐趣；提高商业品质，提高商铺效率。可靠的消防设计支持通透的商业空间，集中的服务核设计提供灵活的商业空间。设计方案尽量避免大悬挑、超大跨度，选择商业空间的适宜结构，节省用钢量。中庭设计实现了生态建筑的设计理念，通过自然采光通风，优化室内空间物理环境，为人们营造舒适的购物空间。

仁恒海河广场
Renheng Haihe Plaza

建 设 地 点	Location	天津市南开区通南路
设计/竣工时间	Design / Completion Date	2007 年 / 2011 年
用 地 面 积	Site Area	95 277 m²
建 筑 面 积	Floor Area	337 200 m²
主体建筑高度	Height of Main Building	112 m

/ "出则繁华、入则宁静"，海河岸边高档综合商业体及居住社区 /

　　仁恒海河广场的设计以充分发挥基地原有的地理位置优势为目标，规划建设城市性公共设施及高档居住小区。项目达到绿色建筑二星设计标准，在打造国内第一个具有绿色标识认证的商场建筑的同时，又营造了健康舒适的购物休闲空间。设计构思贯穿点、线、面，以线为导，以点为节，以面向城市水滨发散的空间为面。在中央大型绿地上，一条贯穿南北的景观主轴线串接景观节点。

　　商业部分地上 5 层，地下 2 层。商场在地下连接巨大的地下生态中庭，顶部为地面景观采光天窗。中庭周边设美食广场，中庭北部地下部分为健身中心。服务式公寓坐落在综合商场的东南角，在体量上与基地北侧综合楼相平衡，最终形成整个区域界面的完整走势。轻盈剔透的玻璃阳光顶与综合楼大厦的玻璃阳光顶交相辉映。

中海城市广场三期 A 地块
Zhonghai City Plaza Phase III Plot A

建 设 地 点	Location	天津市河东区六纬路
设计/竣工时间	Design / Completion Date	2019 年 / 在建
用 地 面 积	Site Area	51 954 m²
建 筑 面 积	Floor Area	143 097 m²
主体建筑高度	Height of Main Building	196.45 m
合作设计项目	Co-design Project	

中海城市广场地处中心城区，用地紧张，业态多元，周边交通复杂。设计着重于在城市中心高强度条件下营造舒适的空间环境。

延续历史风貌的活力街区：本项目将区域历史氛围和元素引入地块，通过对古典俄式建筑风格立面的分析，提取设计元素，延续俄式风情区域风貌，结合地下商业中心、下沉广场、半室外商业外廊、架空走廊，创造复合多元、立体的商业空间，增强街区活力。

规划灵活集约的商业布局：竖向交通和辅助空间集中设置，商业功能预留主力店散售等多种运营模式，得铺率为 62%。

打造简洁高效的超高办公环境：办公楼竖向交通分区简洁，核心筒紧凑高效。办公平面结合体量多次退台，竖向交通核随着退台收进，提高平面使用效率，办公用房出房率为 65%。

保定白沟王府 SOGO 项目
Baoding Baigou Wangfu SOGO Project

建 设 地 点	Location	河北省保定市白沟新城
设计/竣工时间	Design / Completion Date	2018 年 / 在建
用 地 面 积	Site Area	14 000 m²
建 筑 面 积	Floor Area	63 560 m²
主体建筑高度	Height of Main Building	73.10 m
合作设计项目	Co-design Project	

保定白沟王府SOGO项目采用复合化的业态设置办公、商业两大功能，建筑通过 S 形的布局增大了商业展示面，借助多样化的组合方式为城市提供24小时的活力单元，力求通过高品质的定位为城市的多元发展吸引人才，建设面向未来的街区型、体验式社区。

建筑首层和 2 层功能为商业，3 层至 14 层功能为办公。本项目充分考虑地块条件，将底层商铺最大化，形成内外广场，分别面对城市和居住区，建筑中间开洞，连接两个广场，形成连续的空间流线，建筑层层退台，有利日照。

项目为复杂的超限高层结构。其主要技术难点为高层超大跨度悬挑并正交连体结构；同时还具有扭转不规则、偏心布置、凹凸不规则、尺寸突变、竖向构件间断和转换等结构不规则项。

教育建筑 | EDUCATIONAL BUILDINGS

南开大学新校区（津南校区）
图书馆、综合业务楼
Library and Comprehensive Building
of New Campus of Nankai University
(Jinnan Campus)

天津中德应用技术大学改扩建
一期工程
Phase I Reconstruction and Expansion
Project of Tianjin Sino-German
University of Applied Sciences

天津中德应用技术大学承德分校
Tianjin Sino-German University of Applied
Sciences Chengde Branch School

天津医科大学新校区
New Campus of Tianjin Medical
University

天津市电子信息高级技术学校
Tianjin Electronic Information Advanced
Technology School

天津市旅游育才职业技术学校改
扩建工程
Renovation and Expansion Project of
Tianjin Tourism Yucai Vocational and
Technical School

中共天津市委党校
Party School of Tianjin Municipal
Committee of the CPC

南开大学迦陵学舍
Jialing Academy of Nankai University

天津市南开中学滨海生态城学校
Tianjin Nankai Middle School Binhai Eco
City School

天津实验中学滨海学校
Tianjin Experimental Middle School
Binhai School

北京师范大学静海附属学校
Jinghai Affiliated School of Beijing
Normal University

新疆维吾尔自治区和田地区天津
高级中学
Tianjin Senior High School in Hotan
Prefecture, Xinjiang Uygur Autonomous
Region

岳阳道小学常德道校区
Changde Road Campus of Yueyang
Road Primary School

北京师范大学天津附属小学
Tianjin Affiliated Primary School of
Beijing Normal University

天津滨海欣嘉园 7 号地幼儿园
Tianjin Binhai Xinjiayuan No.7
Kindergarten

南开大学新校区（津南校区）图书馆、综合业务楼
Library and Comprehensive Building of New Campus of Nankai University (Jinnan Campus)

建 设 地 点	Location	天津市海河教育园区
设计/竣工时间	Design / Completion Date	2012 年 / 2015 年
用 地 面 积	Site Area	109 880 m²
建 筑 面 积	Floor Area	74 300 m²
主体建筑高度	Height of Main Building	47.40 m

/ 新校区主楼继承老校主楼之势，用彰显时代特征与地域文化的务实设计
语言，实现"允公允能，日新月异"南开精神的传承与发扬 /

　　图书馆，东、西业务楼 3 座单体建筑呈"品"字形布局，是南开大学
新校区校前核心区标志性建筑群。设计传承老校区校前区"品"字形空间
布局，形成宏大的群体空间，激发师生对南开大学辉煌历史的追溯和心理
认同感。建筑单体没有对老校区主楼进行复刻，而用彰显新时代技术与风
格的建筑元素实现精神上的传承。

　　设计突出建筑功能性及实用性，体现南开大学崇尚节约的道德品质，
为此制定了 5 个设计策略：突出竖向设计，实现复杂功能明确分区；突出
剖面细化设计，实现不同尺度空间共存；突出藏阅空间功能性，创造灵活、
舒适的空间体系；设计藏阅一体空间，实现藏阅空间的设计弹性；突出自
然光环境设计。

天津中德应用技术大学改扩建一期工程

Phase I Reconstruction and Expansion Project of Tianjin Sino-German University of Applied Sciences

建 设 地 点	Location	天津市海河教育园区
设计/竣工时间	Design / Completion Date	2016 年 / 2018 年
用 地 面 积	Site Area	28 900 m²
建 筑 面 积	Floor Area	51 300 m²
主体建筑高度	Height of Main Building	23.60 m

天津中德应用技术大学为 EPC 工程总承包项目。该大学在校学生约10 000 人，项目一期改扩建工程包含基础实验实训中心、留学生与教师公寓，延续天津中德应用技术大学原规划布局的设计理念，两栋建筑根据使用功能分别设置于教学区与生活区；顺应校区规划空间结构，控制扩建建筑的体量规模、疏密间距以及对应关系；丰富校区规划空间形态，通过建筑体块的穿插围合，形成不同尺度、空间感受和开敞程度的院落空间，使校园空间层次更加丰富。

留学生与教师公寓中需容纳国内学生、留学生、教师、后勤人员等不同人员的生活、工作、居住空间。设计团队通过下沉广场、屋顶平台的立体空间设计手法，合理有序规划、布置各种不同人流的行动路线，避免不同人员流线的混杂。基础实验实训中心包含机械加工实训车间、先进制造车间、机器人共性技术实验室、光学实验室、电学实验室等不同类型的专业实训实验室。

天津中德应用技术大学承德分校

Tianjin Sino-German University of Applied Sciences Chengde Branch School

建 设 地 点	Location	河北省承德市双桥区
设计/竣工时间	Design / Completion Date	2017 年 / 2019 年
用 地 面 积	Site Area	297 593 m²
建 筑 面 积	Floor Area	131 900 m²
主体建筑高度	Height of Main Building	30.93 m

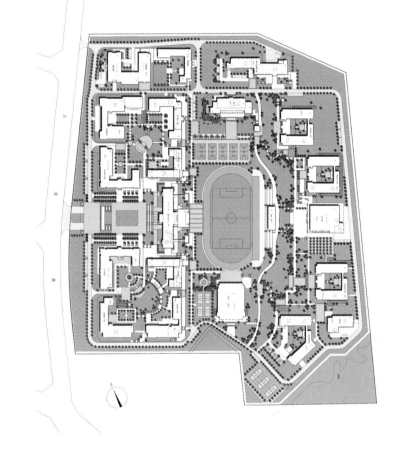

本项目为 EPC 工程总承包项目。其作为贯彻落实京津冀协同发展国家战略的重大举措，是深入开展精准帮扶工作的重点项目。其建设深受天津和承德两地政府和社会关注。

校园总体规划 3 个功能区：教学实训区（教学楼、实训楼、图文信息中心）、体育活动区（行政中心、文体中心）和生活区（学生宿舍、教师公寓、食堂）。该校在校学生 5 000 人。整体规划依山就势，结合功能分区，沿教学区—体育活动区—生活区地势逐渐抬升，形成高低错落的校园空间氛围。

建筑单体结合地势，设置不同标高的出入口，形成立体化的便捷交通体系。建筑突出院落式布局风格，立面材料以砖红色涂料为主，点缀暖白色线条，屋顶为红瓦坡屋面，突出体现津、承地域文化特点，与城市设计相协调。

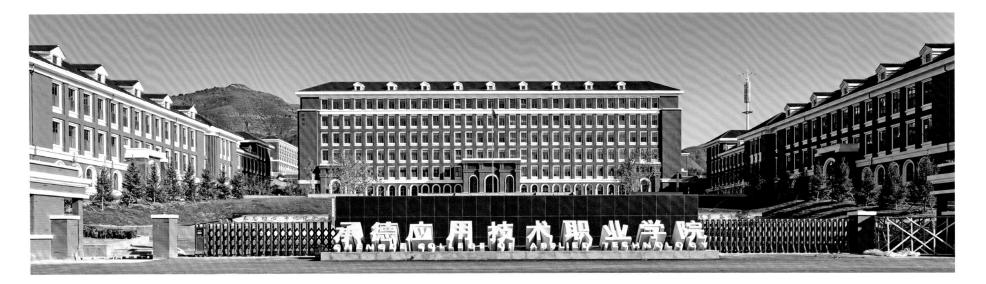

天津医科大学新校区
New Campus of Tianjin Medical University

建 设 地 点	Location	天津市静海区团泊大道
设计/竣工时间	Design / Completion Date	2020 年 / 在建
用 地 面 积	Site Area	350 287 m²
建 筑 面 积	Floor Area	129 000 m²
主体建筑高度	Height of Main Building	37.20 m

/ 典雅、静谧、温暖、神圣的精神空间 /

　　天津医科大学是一所以西医为教学背景的高等学府。图书馆为新校区的核心建筑，结合外部场所与建筑本体的双重诉求，以"纯净体量 + 柱廊意象"构成建筑主体的设计语言。通体白色的图书馆透露出典雅、安静、神圣、温暖的气质，亦是对医者形象的隐喻。

　　图书馆与东侧的校园主轴相呼应，形成宏大且不失人文关怀的叙事场景。中央大厅作为图书馆的核心空间，采用温暖的木色，天光洒下，与书架、书桌以及图书的色彩融为一体，营造出图书馆室内空间特有的静谧神圣的氛围。

　　行政中心位于校区内圈教学区东北角，建筑整体面向景观湖面，与校园核心区的优美景色融为一体。建筑设计以古希腊西方经典医学历史文化为灵感，采用对称式布局，建筑形体舒展、庄重。

　　学生及教工食堂位于校园东北侧，紧邻校园生活区及教学区。设计团队通过对建筑的模数化设计，达到比较经济的目的；通过简洁现代的雕塑手法，运用规整的形式、虚实对比丰富的空间层次以及页岩砖、涂料、玻璃等材料的配置，使建筑具有丰富的文化意蕴。主体墙面采用页岩砖砌筑，下部为浅色仿石涂料基座，整体造型既强化了建筑的雕塑感，又突出了细节的光影变化和节奏。

天津市电子信息高级技术学校

Tianjin Electronic Information Advanced Technology School

建 设 地 点	Location	天津市海河教育园区
设计/竣工时间	Design / Completion Date	2009 年 / 2011 年
用 地 面 积	Site Area	204 000 m²
建 筑 面 积	Floor Area	75 764 m²
主体建筑高度	Height of Main Building	21.85 m

/ 富有趣味的多层次公共空间，厚重、典雅的低碳校园 /

　　天津市电子信息高级技术学校是天津市海河教育园区一期示范园区中的一所中等职业教育院校，规模为 60 个班。核心建筑采用中轴对称布局，电工电子实训楼、数控加工实训楼分布两侧，中轴底景为综合教学楼，由此展开布局，借助入口的广场形成开敞的室外空间，犹如伸开的双臂拥抱整个海河教育园区。

　　校园规划方案的空间形态规整而不失变化，既有开敞的室外空间，又有相对封闭的内部庭院，多变的空间配以错落有致的建筑单体，和塔楼、柱廊、拱券一起形成富有趣味的多层次场所，在丰富空间轮廓的同时，营造出文雅、厚重的学院气氛。本项目响应国家绿色、环保、低碳的号召，选用低能耗制造工艺且污染较小的夹心保温页岩砖等优质建筑材料，通过面砖、涂料及石材等建筑材料的巧妙组合，营造出理想的内部空间和建筑效果。

天津市旅游育才职业技术学校改扩建工程

Renovation and Expansion Project of Tianjin Tourism Yucai Vocational and Technical School

建 设 地 点	Location	天津市和平区福安大街
设计/竣工时间	Design / Completion Date	2006 年 / 2013 年
用 地 面 积	Site Area	12 000 m²
建 筑 面 积	Floor Area	70 845 m²
主体建筑高度	Height of Main Building	92.70 m

/ 功能与韵律的完美结合 /

项目整体建筑群由实训楼、行政办公楼、综合楼及教学楼组合而成，建筑外形的弧形设计使建筑单体紧凑、有序连接，合理划分出各功能空间。校内人车分流，为在校师生创造出安全、良好的室外活动空间。

建筑立面简约、质朴，建筑幕墙的弧形处理使建筑外形更为通透且富有韵律，显现旅游建筑快捷、舒适、时尚的特色，同时也缓解了建筑对城市道路带来的压迫感。

中共天津市委党校
Party School of Tianjin Municipal Committee of CPC

建 设 地 点	Location	天津市南开区育梁道
设计/竣工时间	Design / Completion Date	2015 年 / 2020 年
用 地 面 积	Site Area	128 433 m²
建 筑 面 积	Floor Area	176 795 m²
主体建筑高度	Height of Main Building	40 m

/ 具有仪式感的红色学府，融入环境的绿色校园 /

　　中共天津市委党校工程为改扩建项目，共分二期建设。项目设计以尊重历史、传承文化、对既有建筑的保护性提升为设计原则，注重设计的科学性、合理性、经济性、绿色环保性。总平面采用原校区中轴线南北向对称布局，新建建筑布局及路网调整充分考虑与保留建筑、现状路网的关系，有效组织校区内的交通流线。新建教学楼与求知会堂的贴建，从功能到立面充分考虑与原有建筑的结合。前广场和新建教学楼设置地下空间，在不影响地上景观效果的前提下，有效解决了学员和职工的停车问题。

　　项目的总体布局注重红色学府的气氛塑造，主要体现为轴线仪式感。设计团队设置东西向空间轴线，打通一期工程与水上公园之间的联系。教学主楼采用中轴对称的建筑语汇，突出党校建筑的端庄肃穆，塑造二期校园的标志性节点。立面设计注重对文化学府的语汇表达，立面材料采用砖红色陶板幕墙，与一期红砖校园相呼应。项目自主创新了小型仿砖陶块幕墙装配式安装技术，采用纯天然陶土材料制作的陶板幕墙。陶板的生产过程对环境污染小。项目通过优化建筑设计和能源使用模式，减少对环境的破坏，建设过程中尽可能保留有价值的乔、灌木，保护原有的生态系统，加强景观的精细化和多样性设计，增加景观层次感，提升校园的整体景观效果；创建绿色节能型智能校园，采用光伏发电等绿色节能措施，有效控制建筑能耗和碳排放。

南开大学迦陵学舍
Jialing Academy of Nankai University

建 设 地 点	Location	天津市南开区南开大学
设计/竣工时间	Design / Completion Date	2013 年 / 2014 年
用 地 面 积	Site Area	1 353 m²
建 筑 面 积	Floor Area	550 m²
主体建筑高度	Height of Main Building	12 m

/ 建筑与环境融合、与文化融合 /

　　南开大学迦陵学舍是南开大学为古典文学专家叶嘉莹（号迦陵）先生修建的，选址于南开大学主教学区内，用地虽方正但略局促，周围建筑风格各异。建筑通过不同策略应对基地周边有利和不利条件。

　　借：建筑围绕基地内原有的两棵老树展开，既保留了记忆，也借用了基地原有的逻辑。

　　遮：在入口东侧设置一组矮墙，外面种植绿竹，限定了入口空间的同时，也遮挡了东侧不良的景象。

　　透：建筑西侧为通向张伯苓纪念亭的一条甬路，建筑西北角采用了通高的花砖处理方式，待傍晚时分，建筑透射出的朦胧光影照亮了甬路。

　　框：建筑中与西侧纪念亭相邻的房间为师生研讨室，人的视线高度处设置有带形长窗，期望以此框景实现对名人的致敬。

天津市南开中学滨海生态城学校
Tianjin Nankai Middle School Binhai Eco City School

建 设 地 点	Location	天津市滨海新区中新天津生态城
设计/竣工时间	Design / Completion Date	2012 年 / 2017 年
用 地 面 积	Site Area	134 000 m²
建 筑 面 积	Floor Area	144 300 m²
主体建筑高度	Height of Main Building	23 m

/ 融合古朴与现代、历史与未来、技术与创新的红砖校园 /

　　南开中学滨海生态城学校传承老校区静谧的院落、古朴的长廊、醇厚的建筑、质朴的砖墙，记录着南开的点点滴滴，传承历史文脉。

　　新校区班级规模为高中 38 班、初中 22 班，校园功能分区明确，方便实用。教学区、公共区、活动区、生活区各自集中又相互独立，同时各区之间又通过连廊、院落等有机组织起来，形成动静分离、互不干扰的校园格局。

　　建筑采用宜人的高度与密度，主要建筑控制在 4 层左右，确保校园的人性尺度。校园内部采取步行体系，引入园林式的树木绿化和山水景观，开放的景观系统和院落景观系统相结合，形成宁静与优雅兼具的校园环境；同时突出生态理念，打造可持续发展的绿色校园，因地制宜，合理采用节能减排、绿色生态的技术措施。

天津实验中学滨海学校
Tianjin Experimental Middle School Binhai School

建 设 地 点	Location	天津市滨海新区嘉丰路
设计/竣工时间	Design / Completion Date	2013 年 / 2016 年
用 地 面 积	Site Area	110 000 m²
建 筑 面 积	Floor Area	55 000 m²
主体建筑高度	Height of Main Building	22.95 m

/ 一场关于中式与西式、传统与现代的结合 /

　　天津实验中学滨海学校位于滨海新区黄港休闲区内，现已成为该区域的地标建筑。校园班级规模为初中 36 班、高中 24 班，主要建设教学区、住宿区、运动区。本项目以中国传统"院落"为理念，设计多个广场空间以满足不同功能需求。建筑整体设计为简欧风格，与周边环境相融合。

　　项目采用中轴对称布局，教学楼分列于综合教学楼两侧，由南向北开始由低至高排布。设计团队结合学校对动静分区、日照的需求，对整体进行规划，进行建筑、景观、室内一体化设计；组织畅通的流线，做到动、静分区明确，人车分流，实现优质的教学、运动、生活空间。2015 年其被评定为二星级绿色建筑，在满足建筑节能的基础上，采用地源热泵、太阳能热水系统、空调新风系统、智能化控制等多项节能措施，有效降低能源消耗、碳排放及运行费用。

北京师范大学静海附属学校
Jinghai Affiliated School of Beijing Normal University

建 设 地 点	Location	天津市静海区团泊大道
设计/竣工时间	Design / Completion Date	2016 年 / 2019 年
用 地 面 积	Site Area	131 559 m²
建 筑 面 积	Floor Area	113 500 m²
主体建筑高度	Height of Main Building	23 m

/ 校园以"合院"为基本单元，相对独立，各具特色，一条立体共享活力带连接各单元，强化交流 /

北京师范大学静海附属学校是一所 12 年一贯制学校，共设置小学 60 班、初中 30 班、高中 30 班，可容纳 4 650 名学生学习生活。

生成于城市——新城教育有机体。校园布局源于与城市环境衔接，西临团泊运动场馆，布置运动区；东侧为住宅用地，布置宿舍生活区；南北两侧设置中小学校园入口。

生成于空间——现代院落式书院。校园以"合院"为基本教学单元，不同教学区形成各自独立、各具特色的教学文化空间。

生成于行为——共享活力连廊。结合中小学生日常活动交流的习惯，一条流动的共享活力廊道将小学和中学两个校区串联起来，首层廊道作为风雨连廊联系校区内部的公共交通，二层平台串联各个功能组团，与组团内部院落空间紧密相连。

新疆维吾尔自治区和田地区天津高级中学
Tianjin Senior High School in Hotan Prefecture, Xinjiang Uygur Autonomous Region

建 设 地 点	Location	新疆维吾尔自治区和田地区
设计/竣工时间	Design / Completion Date	2011 年 / 2013 年
用 地 面 积	Site Area	140 000 m²
建 筑 面 积	Floor Area	45 000 m²
主体建筑高度	Height of Main Building	23.65 m

　　和田地区天津高级中学规模为 60 个班，设计强调学校建筑的沉稳、大气，总体布局结合地形条件，采用有明确轴线关系但又不完全对称的规划设计。设计团队结合主要出入口，以一条明确的校园空间轴线贯穿学校礼仪广场、学习广场及田径运动场，在轴线两侧和中间布置教学综合楼（学校主楼）、风雨操场及食堂，形成完整、恢宏的校园主要教学建筑群。师生宿舍及附属设施结合地形，布置在基地西北侧，通过建筑的围合设计，形成富有人情味的生活空间。

　　校园主要建筑高度根据教学功能及空间主次关系确定，内部交通组织以步行空间和非机动车交通为主。建筑外檐采用红色面砖及暖白色涂料两种材料，风格为简约欧式，充分展现天津地域建筑特色和历史文脉，突出援建项目的主题。

岳阳道小学常德道校区
Changde Road Campus of Yueyang Road Primary School

建 设 地 点	Location	天津市和平区常德道
设计/竣工时间	Design / Completion Date	2014 年 / 2015 年
用 地 面 积	Site Area	5 907 m²
建 筑 面 积	Floor Area	8 141 m²
主体建筑高度	Height of Main Building	12 m

项目位于五大道"历史风貌保护区",被和平区政府列为 2015 年 20 项民心工程之一,周边历史风貌建筑云集。建筑用地狭小,周边市政配套设施局促,面积需求和使用功能需求严苛。

设计团队尊崇风貌街区历史文脉,对建筑精雕细琢,使其与风貌街区相融合;充分利用有限用地资源和建筑高度,地上地下相结合,布置出最大使用面积和使用功能合理的平面布局;注重生活体验,设计丰富的建筑空间,设置前廊、下沉庭院、教师活动场地、培训交流空间及特色鲜明的专用教室和宽敞的报告厅。

建筑立面造型采用折中主义建筑风格,设计精细,与使用功能完美结合,使学校成为所在街区的标志性建筑。

北京师范大学天津附属小学

Tianjin Affiliated Primary School of Beijing Normal University

建 设 地 点	Location	天津市河西区大沽南路
设计/竣工时间	Design / Completion Date	2020 年 / 在建
用 地 面 积	Site Area	19 000 m²
建 筑 面 积	Floor Area	18 000 m²
主体建筑高度	Height of Main Building	20.75 m

北京师范大学天津附属小学属于插建项目，在原北师大附中用地上，独立划拨，兴建一所 36 班小学。项目用地紧张且平面形状怪异，设计采用集约式布局，以"h"形综合楼对"L"形用地进行有效利用，与现状南向住宅楼和北向师大附中现状教学楼保持有效间距，形成和谐的群体关系。

在用地紧张的情况下，设计团队精准高效布置各项功能。建筑主体形体较长且需为中走道布局，为消减空间的单调性，设计设置、划分组团开放空间，为学生课间休息、停留、交流提供场所，形成有节奏的空间骨架，由内而外，创造标志性立面元素，使整个设计内外统一、精致有趣。

为控制有限的建设成本，设计团队统筹考虑建筑主体、室内精装、室外景观、BIM 技术，在有序控制造价的前提下对整个项目不断优化，以实现一所满足少年儿童身心需求的优质校园。

天津滨海欣嘉园 7 号地幼儿园
Tianjin Binhai Xinjiayuan No.7 Kindergarten

建 设 地 点	Location	天津市滨海新区黄港生态休闲区
设计/竣工时间	Design / Completion Date	2010 年 / 2012 年
用 地 面 积	Site Area	4 044 m²
建 筑 面 积	Floor Area	2 948 m²
主体建筑高度	Height of Main Building	9.05 m

/ 方案以"儿童折纸"为设计灵感，通过折面形的屋顶、活泼灵动的开窗、丰富的立面色彩等，为孩子们营造一片独特的小天地 /

　　项目为 9 班幼儿园，建筑主体为两层，造型设计如同儿童世界里的森林小木屋，活泼生动，外檐主体采用浅黄色仿木软磁外挂板，配以不同班级的标志性色彩，功能布局充分考虑幼儿特点，分区合理，使用便捷。

　　为赢取南向环境较好的室外活动场地，幼儿园主体建筑向北退让，最大限度地利用有限的用地面积。建筑平面采用"L"形布局，避免与路口转角形成冲突和对城市沿街立面带来压迫感。

　　造型采用"儿童折纸"的形式，屋顶高低错落。项目在满足日照间距的规定下，利用屋顶坡度尽量加大房间内空间高度，为儿童活动、休息空间争取最佳朝向。由于基地北侧紧邻高层住宅，为避免影响此处住宅的日照条件，对建筑屋顶加以变形，利用折线既避免对北侧住宅的遮挡，又为主体建筑赢得了室内空间和变化造型。

医疗建筑 | MEDICAL BUILDINGS

226

天津市环湖医院迁址新建工程

Relocation and New Construction
Project of Tianjin Huanhu Hospital

228

天津中医药大学第一附属医院迁址
新建工程

Relocation and New Construction Project
of the First Affiliated Hospital of Tianjin
University of Traditional Chinese Medicine

230

天津市第一中心医院新址扩建工程

Expansion and Construction Project of
Tianjin First Central Hospital New Site

232

天津医科大学肿瘤医院门诊医技楼

Outpatient and Medical Technology Building
of Tianjin Medical University Cancer
Hospital

234

天津市胸科医院迁址新建工程

Relocation and New Construction
Project of Tianjin Chest Hospital

236

天津市南开医院扩建工程

Expansion and Construction Project of
Tianjin Nankai Hospital

238

天津空港国际生物医学康复治疗
中心

Tianjin Airport International Biomedical
Rehabilitation Center

240

天津市第三中心医院东丽院区新
址扩建工程

Expansion and Construction Project
of Tianjin Third Central Hospital Dongli
Hospital New Site

242

石家庄市第四医院新院区门诊医
技及住院综合楼

Outpatient Medical Technology and Inpatient
Complex Building of New Hospital Area of
Shijiazhuang Fourth Hospital

244

石家庄市第五医院门诊医技及
应急救援综合楼

Outpatient Medical Technology and
Emergency Rescue Complex Building
of Shijiazhuang Fifth Hospital

246

淮安市妇幼保健院新院

Huai'an Maternal and Child Health
Hospital New Hospital Project

248

天津医科大学总医院空港医院二
期工程

Tianjin Medical University General
Hospital Airport Hospital Phase II
Project

天津市环湖医院迁址新建工程

Relocation and New Construction Project of Tianjin Huanhu Hospital

建 设 地 点	Location	天津市津南区吉兆路
设计/竣工时间	Design / Completion Date	2011 年 / 2016 年
用 地 面 积	Site Area	92 241 m²
建 筑 面 积	Floor Area	124 330 m²
主体建筑高度	Height of Main Building	45.10 m
床 位 数	Number of Beds	1 000 床

/ 为患者提供便捷的就医流线，实现抢救"黄金三小时"快速急诊流程的脑系科医院 /

项目采用集约型总体布局，以医疗功能围绕患者为核心的设计理念，在狭长地形上将门诊、急诊、医技、住院、行政等功能依次展开，充分结合脑系科患者的就诊特点，最大化缩短内外交通、就诊等各项流线。

门急诊住院综合楼为东宽西窄的长条形布局，各医疗功能模块急缓分明；"北医南患"的人员出入流线清晰明确，互不干扰；模块化门急诊区使各科室相对独立，利于楼内采光通风；环形高速急诊流线设计保证了脑病患者"黄金三小时"的抢救时间；"手供"一体设计、流水线式的医技科室布置和封闭式的 CT-ICU 组成极具特色的脑系科手术区域。

建筑外立面整洁干净，现代感的流线造型简洁清新，整体建筑采用圆形转角，呈现一种拥抱的姿态，给人柔和温暖的感觉，可消除患者的紧张感。同时建筑外部最大限度预留绿化用地，内部通过不同大小庭院组合绿化空间，为患者创造优美、舒适、协调的花园式治疗环境。

天津中医药大学第一附属医院迁址新建工程

Relocation and New Construction Project of the First Affiliated Hospital of Tianjin University of Traditional Chinese Medicine

建 设 地 点	Location	天津市西青区昌凌路
设计/竣工时间	Design / Completion Date	2010 年 / 2015 年
用 地 面 积	Site Area	123 500 m²
建 筑 面 积	Floor Area	177 049 m²
主体建筑高度	Height of Main Building	98.30 m
床 位 数	Number of Beds	1 500 床

/ 体现中医特色和弘扬中医文化的大型现代化中医医院 /

　　项目设计充分体现大型现代化医院的中医特色，引入中国传统院落概念，在建筑内设置内庭院，以医院街为中轴对称布置建筑；针对不同科室的不同就医模式采用不同组织形式，对重点科室（如国医堂）进行中式装修，为患者提供良好就医环境的同时弘扬中医文化；对针灸、推拿、骨科等中医传统科室采用"一医多患"诊治体的组织形式；对普通内科、外科、妇科等科室采用"一医一患、诊治分开"的组织形式，保证病人隐私及就医效果；针对中医院药房的特殊性，整合药剂科、中心药房、配液中心、门诊药房、门诊药库，设置大面积门诊候药区域。

　　本项目采用医院街及模块化门诊医技的布局模式，利用气动传输物流系统等现代化物流及信息流手段，设置地下连廊连接各主要建筑，同时铺设能源供应管道，便于检修维护。立面设计采用暖色石材与铝板相结合，局部穿插玻璃幕墙和铝板，檐口做法精致简约、细节丰富，充分体现现代化中医院的特征。

天津市第一中心医院新址扩建工程

Expansion and Construction Project of Tianjin First Central Hospital New Site

建 设 地 点	Location	天津市西青区保山西道
设计/竣工时间	Design / Completion Date	2015 年 / 2021 年
用 地 面 积	Site Area	106 731 m²
建 筑 面 积	Floor Area	402 000 m²
主体建筑高度	Height of Main Building	72.90 m
床 位 数	Number of Beds	2 000 床

/ 系统整合复杂人流、物流、信息流的医疗航母 /

门诊用房采用模块化布局，高度契合信息化诊疗模式，全面使用智能化系统，保障患者一站式就医，避免人流聚集形成交叉感染。各科室水、暖、电等设备可独立控制，保证大规模医院运行的经济性。

住院楼采用多护理单元模式，降低层数，提高效率，每层的 4 个护理单元均采用南北朝向，并共享医护人员生活区域及医疗检查用房。

本项目高效利用土地资源，将停车、动力、后勤和人防等功能区分 3 层布置于地下空间，通过建筑内部庭院，使各科室均获得良好的采光通风。

本项目针对不同需求设置多种自动化的物流系统，针对科室物资递送设置轨道小车系统和气动物流系统；结合洗衣房设置负压被服收集系统；对于生活垃圾，设置负压垃圾收集系统将垃圾收集后进行压缩处理，再直接运出院区。

天津医科大学肿瘤医院门诊医技楼

Outpatient and Medical Technology Building of Tianjin Medical University Cancer Hospital

建 设 地 点	Location	天津市河西区宾水道
设计/竣工时间	Design / Completion Date	2015 年 / 2019 年
用 地 面 积	Site Area	18 389 m²
建 筑 面 积	Floor Area	79 996 m²
主体建筑高度	Height of Main Building	50 m

/ 城市核心区医疗机构更新与城市更新同步融合 /

　　天津医科大学肿瘤医院门诊医技楼为原门诊楼原址重建扩建工程。门诊医技楼为本院区的核心建筑，也是交通组织枢纽，通过连廊高效连接院区门诊、医技、住院、科研各大功能区，起到了提升环境品质、激发院区活力的作用。项目采用"以人为本"的设计理念，使地下室与地铁相通，实现院区与城市乃至城际间轨道交通系统的无缝连接，同时借助城市地铁站厅有机地联系南北院区，实现了城市更新和自我更新的有机结合。

　　门诊医技楼以门诊、医技功能为主，兼检验、手术等功能，承载功能复杂，人员、客货、洁污流线种类繁杂。项目地上各层按"回"字形布局，诊室、候诊区位于建筑四周，具有良好的采光、通风，实现了良好的卫生条件和就医环境；各层中心布置交通大厅及垂直交通系统，便于人流组织和分流。

天津市胸科医院迁址新建工程
Relocation and New Construction Project of Tianjin Chest Hospital

建 设 地 点	Location	天津市津南区台儿庄南路
设计/竣工时间	Design / Completion Date	2008 年 / 2014 年
用 地 面 积	Site Area	91 410 m²
建 筑 面 积	Floor Area	120 780 m²
主体建筑高度	Height of Main Building	37.80 m
床 位 数	Number of Beds	850 床

/ 创造紧凑高效的环抱式布局，融入海河沿岸的城市建筑风貌 /

项目体现"以患者为中心"的设计理念，充分考虑心血管疾病专科医院的医疗特点，采用"医院街"为主导的集中式布局、模块化空间组合，提供合理便捷的流线，创造舒适、高效的医疗环境。门诊楼、住院楼环抱医技楼，呈花瓣式布局，紧凑高效；住院楼分设内科楼、外科楼，每栋有两个护理单元，从而降低楼层，减少垂直交通时间，便于患者治疗及抢救；门诊和检查科室全部布置在首层，减少病人上下往返的情况；二层手术部与导管室相邻，便于患者救治。门诊楼采用模块式布局，模块之间布置庭院，使诊室有良好的采光和通风。医院街采用环形布局，流线清晰。立面采用西式古典风格，体现天津建筑历史文脉，融合于海河两岸总体建筑风貌之中。

新院区的建成极大缓解了床位紧张的问题，同时改善了医疗环境、交通环境、设备更新、科室发展、科研教学等问题，使这家当时天津市唯一一所以防治心胸疾病为特色的三级甲等专科医院有了更好的医疗环境。

天津市南开医院扩建工程

Expansion and Construction Project of Tianjin Nankai Hospital

建 设 地 点	Location	天津市南开区长江道
设计/竣工时间	Design / Completion Date	2008 年 / 2012 年
用 地 面 积	Site Area	45 803 m²
建 筑 面 积	Floor Area	84 000 m²
主体建筑高度	Height of Main Building	74.40 m
床 位 数	Number of Beds	833 床

/ 体现中、西医特点，融合中、西方文化的中西医结合医院 /

　　南开医院是以中西医结合全科为基础的三级甲等综合医院，项目总体布局对门诊、医技、住院等功能进行明确分区。门诊部分采用模块化模式布局，各科室相对独立，模块间为室外庭院，便于自然采光通风；每层设置挂号收费设施，方便患者；医院街将各诊室及医技功能串联，单廊医院街一侧为玻璃幕墙，可获得良好的通风采光和视觉景观。急诊区和急救区分设出入口，使急诊部满足三级抢救要求。住院楼采用每层两个护理单元的方式，医患出入线路和护理区域分开，减少医患间的相互干扰和疾病传染机会，也为医务人员提供较稳定的工作和医疗环境。

　　项目用地西侧最大限度地保留绿化用地，建筑室内采用大小各异的内庭院组织内部空间，结合相邻道路及周边建筑风格，为病人创造出花园般优美、舒适、协调的医疗环境。

天津空港国际生物医学康复治疗中心
Tianjin Airport International Biomedical Rehabilitation Center

建 设 地 点	Location	天津市空港经济区
设计/竣工时间	Design / Completion Date	2015 年 / 2018 年
用 地 面 积	Site Area	65 000 m²
建 筑 面 积	Floor Area	120 000 m²
主体建筑高度	Height of Main Building	41 m
床 位 数	Number of Beds	836 床
合作设计项目	Co-design Project	

/ 国内首家符合 JCI 标准的肿瘤专科医院 /

天津空港国际生物医学康复治疗中心依托天津市肿瘤医院与美国莫菲特肿瘤中心的优势资源，将世界领先的个体化医学理念和模式引入中国，是与美国集思需公司合作设计并通过国际 JCI（国际医疗卫生机构认证联合委员会）认证的国际化医院。

建筑外观独特的流线型，既可看作是对空港飞机流线形体的抽象隐喻，又充分展现了中国新兴医学科技发展的速度感与运动感。项目以"生态、绿色、以人为本"为设计理念，合理组织医疗空间，使人车分流、医患分流、洁污分流，尽可能缩短患者就医流线，为患者创造交通便捷、环境优美的就医环境，同时也为医护人员创造便捷、高效、舒适的工作环境。设计通过合理、清晰、便捷的水平及竖向交通将多种复杂功能糅合在一幢体形较大的综合建筑中，同时为了满足区域航空限高要求，取消设备层，采用竖向系统解决设备管线问题。此外设计团队还精心为患者和医护人员规划出一系列激动人心的公共空间——"医院街""内院""屋顶花园""阳光庭院"等。

天津市第三中心医院东丽院区新址扩建工程

Expansion and Construction Project of Tianjin Third Central Hospital Dongli Hospital New Site

建 设 地 点	Location	天津市东丽区程望路
设计/竣工时间	Design / Completion Date	2020 年
用 地 面 积	Site Area	89 500 m²
建 筑 面 积	Floor Area	260 500 m²
主体建筑高度	Height of Main Building	45 m
床 位 数	Number of Beds	1 200 床

天津市第三中心医院东
丽院区新址扩建工程

/ 向阳而生、拥抱生命的疗愈家园 /

　　天津市第三中心医院东丽院区是一座集医疗、教学、科研、康复、预防为一体的大型三甲综合医院。项目用地西北角为原第二殡仪馆，方案通过圆形布局寓意向阳而生来化解场地的消极因素，同时利用场地资源兼顾南向日照和东西向景观，使主入口朝东面向城市级公园——程林公园以示朝气向阳，针对限高做到 9 层以示升腾向阳。建筑布局以中央共享医技平台为核心，结合信息与科技，打造全新的医疗组织架构，为各分中心提供技术支持服务，同时围绕共享医技平台设置体检康复中心、人工肾透中心、家庭式产科儿科中心、科教中心，实现医疗资源充分共享；独立设置行政中心、文体中心、会议中心，避免交叉感染。诊区采用双医疗街的空间组织架构，围绕中央共享医技枢纽，两翼分设综合诊疗区和分中心诊疗区。双医疗街将院区整合为一个立体网络，形成完善高效的运作机制。

石家庄市第四医院新院区门诊医技及住院综合楼

Outpatient Medical Technology and Inpatient Complex Building of New Hospital Area of Shijiazhuang Fourth Hospital

建 设 地 点	Location	河北省石家庄市长安区北宋路
设计/竣工时间	Design / Completion Date	2014 年 / 2019 年
用 地 面 积	Site Area	57 702 m²
建 筑 面 积	Floor Area	122 770 m²
主体建筑高度	Height of Main Building	36.10 m
床 位 数	Number of Beds	800 床

/ 采用一层多护理单元、塑造温馨就医环境的妇产科医院 /

　　石家庄市第四医院是集医疗、保健、科研、教学于一体的现代化三级甲等妇产科医院，整体布局采用半集中形式，即有利于建筑的采光通风，又美化了建筑内部环境，同时利于现代化传输及智能系统的设置。

　　根据基地情况及科学合理的医疗秩序，本项目由东向西依次布置门诊、医技、住院、后勤保障等功能区，医技楼布置在门诊楼与住院楼之间，可使患者就医流线最短；医院街则高效组织各功能科室，方便快捷。各科诊室均设有独立候诊厅及二次候诊区，采用"一医一患"的就诊模式，充分尊重女性患者的隐私；同时充分考虑"专科特色化"特点，将产科与妇科治疗分区设置，为产妇营造温馨宜人的环境。住院部每层有 4 个护理单元，最大限度地降低高度，既减少对北侧住宅的遮挡和自遮挡，又减弱垂直运输的压力。急诊楼设置独立出入口，前设广场，将急诊区与急救区分开设置，设置专用急救电梯直达 3 层手术部，形成抢救的绿色通道。医院内部还设有多个庭院，即有利于自然采光通风、降低能耗，同时为患者提供舒适的就医环境。

　　建筑外观采用弧形外墙和转角处理方式，配以深驼色的石材外檐，体现妇产医院温馨柔和的特色。

石家庄市第五医院门诊医技及应急救援综合楼

Outpatient Medical Technology and Emergency Rescue Complex Building of Shijiazhuang Fifth Hospital

建 设 地 点	Location	河北省石家庄市裕华区塔南路
设计/竣工时间	Design / Completion Date	2012 年 / 2017 年
用 地 面 积	Site Area	30 400 m²
建 筑 面 积	Floor Area	40 090 m²
主体建筑高度	Height of Main Building	42 m
床 位 数	Number of Beds	400 床

/ 适应紧张用地、实现科学合理的医疗工艺的传染病医院综合楼 /

　　石家庄市第五医院为传染病专科医院，新建综合楼收治肠道传染病患者，原有住院楼收治呼吸道传染病患者，满足分开治疗的要求。项目同时完成院区功能整合，医疗污染区与后勤洁净区分开，达到了污洁、动静、内外、医患流线明确且互不交叉的要求。

　　本项目的"U"字形布局更好地适应了紧张的用地，既有效地降低层数，节约造价，又增大采光、通风的外墙面积，加上直通地下室的天井和单侧采光的通廊，解决了传染病医院通风的问题。住院标准层设计了两个相对独立的护理单元，针对不同的应急预案可发挥不同的功能。住院病房安排在主楼，为南北向，争取最好的朝向和通风。东侧作为独立的医护人员办公区在朝东的清洁区域开外窗，避免了与污染区产生对流，西侧安排走道等交通空间，降低医护人员的感染概率。

　　建筑外观简洁大气，转角与主体形成虚实对比，突出了正对院区主入口的建筑形象。

淮安市妇幼保健院新院

Huai'an Maternal and Child Health Hospital New Hospital

建 设 地 点	Location	江苏省淮安市生态文旅区
设计/竣工时间	Design / Completion Date	2017 年 / 2022 年
用 地 面 积	Site Area	94 291 m²
建 筑 面 积	Floor Area	138 000 m²
主体建筑高度	Height of Main Building	55.50 m
床 位 数	Number of Beds	800 床

/ 采用"同步一体化"设计模式,实现绿色、低碳的全生命周期 /

　　淮安市妇幼保健院新院为 EPC 工程总承包项目。项目综合考虑淮安气候和场地特征,以扭转来巧妙地组织建筑布局:住院楼的扭转争取了最好的朝向并退让出了必要的广场,门诊模块顺势扭转兼顾了门诊序列两端的可达性与舒适性,保健医养中心依势顺延围合成具有私密性的康复花园,报告厅则作为衔接一、二期的纽带,优化了整体造型。本项目以祥云的形态组织布局,空间节奏疏密有致,室内室外环境交融,打造了一座花园式医院,行云流水般的建筑造型给城市天际线增添了一道与众不同的剪影。

　　项目按照门诊、医技、住院等功能由南至北依次布置空间,门诊区域将四大保健模块沿南侧道路排开,并有垂直交通直接通达到各个诊区,实现广场、大厅、候诊厅的三级分流原则,并形成科室中心专属领域。

天津医科大学总医院空港医院二期工程

Tianjin Medical University General Hospital Airport Hospital Phase II Project

建 设 地 点	Location	天津市空港经济区
设计/竣工时间	Design / Completion Date	2020 年 / 在建
用 地 面 积	Site Area	134 049 m²
建 筑 面 积	Floor Area	104 716 m²
主体建筑高度	Height of Main Building	45 m
床 位 数	Number of Beds	1 000 床
合作设计项目	Co-design Project	

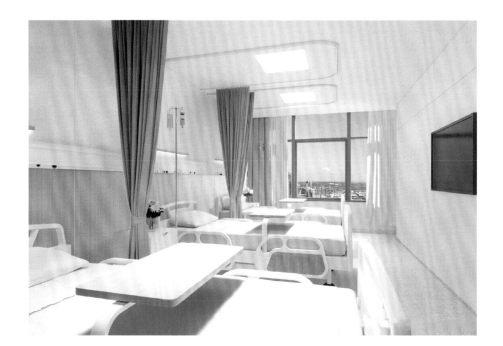

/ 面向未来的医疗花园，开放的智慧化医院 /

　　天津市医科大学总医院空港医院是集门诊、急诊、医技、住院等功能于一体的综合性医院。本项目在一期工程的基础上，补足现有医院的使用缺口，同时根据医院发展的理念，增加国际部医院的设置，新建国际部门诊楼、住院楼以及医技部，新建地下车库等单体，优化功能流线，塑造出温馨舒适的医疗环境，突出现代化、国际先进的医疗技术。

　　新建住院楼、新建医技楼与一期建筑贴建，立面造型及材质均沿用一期风格，形成完整的建筑形象。新建国际部住院楼外檐同样采用铝板材质，与整体院区协调一致，利用外窗形式，突出现代化的气质形象。

　　建筑内部多处设有内庭院、下沉庭院等景观休息空间，结合人防地库上方的景观，以及院区原有建筑的屋顶花园，整体打造出一家温馨舒适、高效便捷的现代化花园医院。

酒店建筑 | HOTEL BUILDINGS

天津君隆威斯汀酒店
Junlong Westin Hotel, Tianjin

海南兴隆希尔顿逸林滨湖度假酒店
DoubleTree Resort by Hilton Hainan
Xinglong Lakeside

万丽天津宾馆
Wanli Tianjin Hotel

天津海河悦榕庄酒店
Haihe Banyan Tree Hotel & Resorts, Tianjin

滨海三号酒店
Binhai NO.3 Hotel

国家会展中心天津万豪酒店
Tianjin Marriott Hotel · National Convention
& Exhibition Center

天津君隆威斯汀酒店
Junlong Westin Hotel, Tianjin

建 设 地 点	Location	天津市和平区南京路
设计/竣工时间	Design / Completion Date	2006 年 / 2008 年
用 地 面 积	Site Area	15 766 m²
建 筑 面 积	Floor Area	181 032 m²
主体建筑高度	Height of Main Building	150 m
合作设计项目	Co-design Project	

　　天津君隆威斯汀酒店包括人才科技大厦、威斯汀五星级酒店、威斯汀酒店式公寓、5A 级写字楼、高档商业区和大型地下车库等。本项目面向抗震纪念碑广场，将一组"U"字形建筑沿道路错落布置，与周边共生的建筑界面共同打造天津中心城区的城市轮廓线。

　　建筑形体简洁、挺拔，由华丽统一的外表皮包裹的一系列简洁的建筑体块共同组成一组气势恢宏的建筑群。通透的玻璃幕墙使建筑典雅华美，品质超群，与天空背景自然融合，竖线条的立面划分使建筑更显挺拔、高耸。150 m 高的塔楼中央透明玻璃反映出的空中室内庭园和五星级酒店底部四层通高的酒店大堂使内外空间交融，构成这组建筑群不同凡响的点睛之处。

海南兴隆希尔顿逸林滨湖度假酒店
DoubleTree Resort by Hilton Hainan Xinglong Lakeside

建 设 地 点	Location	海南省万宁市兴隆温泉旅游度假区
设计/竣工时间	Design / Completion Date	2014 年 / 2018 年
用 地 面 积	Site Area	47 494 m²
建 筑 面 积	Floor Area	52 950 m²
主体建筑高度	Height of Main Building	23.35 m

/ 依势而建、融入自然、健康舒适的国际高标准休闲度假酒店 /

本酒店地理位置优越，气候宜人，景观资源丰富。设计团队采用现代的设计手法和成熟的技术措施，打造出人性化、融入自然、健康舒适的国际高标准休闲度假酒店。

建筑"依势而建"，充分利用地形和景观资源，所有客房均为"湖景房"。酒店大堂景观视线高远通透，各餐厅局部小环境舒适且各具性格，宴会厅、会议中心等大人流功能区集中布置，与酒店大堂互不影响。设计从室内外环境出发，将成熟的技术与当地材料有机地运用到建筑中，满足绿色建筑三星标准要求，达到节能减排、降低维护成本、提高舒适度的目的。建筑立面造型采用现代风格，不同材料的精巧与粗犷形成强烈对比，营造出舒适安逸的现代海岛型度假酒店风格。

万丽天津宾馆
Wanli Tianjin Hotel

建 设 地 点	Location	天津市河西区宾水道
设计/竣工时间	Design / Completion Date	2009 年 / 2010 年
用 地 面 积	Site Area	77 680 m²
建 筑 面 积	Floor Area	95 767 m²
主体建筑高度	Height of Main Building	53.25 m
合作设计项目	Co-design Project	

/ 优雅简洁，融入环境，营造喧嚣都市里的安静空间 /

　　万丽天津宾馆是原天津宾馆的重建项目，也是承接大型国际会议、商贸活动的白金五星级酒店。酒店包含368套客房、96套公寓，具有宴会餐饮、大型会议、康体健身、酒店客房、公寓等功能。用地中央设置绿岛，将出入流线分开，形成酒店前广场，各功能区人流组织有序、互不干扰。建筑主体平面呈 45° 折线，依地形舒展开，与天津迎宾馆湖及周边建筑形成良好的空间关系，缓解高层建筑给城市道路带来的压抑感及冗长感。

　　内部空间依据使用功能分成公共区、客房区、内部管理区。设计对传统元素进行现代演绎，呈现出不同的地域背景和文化特色；摒弃传统酒店大堂奢华复杂的线条，采用大量流畅的线条和几何对称图案，极具视觉冲击力，营造出"空间里的空间"。最终完成的酒店设计让客人虽身处繁华喧嚣的都市中心，却能独享一片优雅私密、现代舒适的灵动空间。

天津海河悦榕庄酒店
Haihe Banyan Tree Hotel & Resorts, Tianjin

建 设 地 点	Location	天津市河北区海河东路
设计/竣工时间	Design / Completion Date	2008 年 / 2013 年
用 地 面 积	Site Area	54 000 m²
建 筑 面 积	Floor Area	108 101 m²
主体建筑高度	Height of Main Building	66.50 m
合作设计项目	Co-design Project	

　　作为海河文化商贸区的重要组成部分，新文化中心集酒店、公寓、购物、休闲文化活动中心多种功能于一身，与海河对岸的古文化街遥相呼应，造型极具现代特色。在总平面设计中，不同功能的建筑群形成蜿蜒流畅的带状组合，弧线长度绵延伸展到 402 m，最大限度地向海河展现出新文化中心的高低错落和转承启合，完美贴合北宽南窄、纵深狭长的地块特点。

　　本项目的实体空间与灰空间渗透影响，光影散落其中，通过广场、连廊多种建筑元素，以海河为纽带，与城市相互渗透融合，形成海河沿岸一道富有活力的文化商业景观。

滨海三号酒店
Binhai NO.3 Hotel

建 设 地 点	Location	天津市滨海新区轻纺经济区
设计/竣工时间	Design / Completion Date	2010 年 / 2012 年
用 地 面 积	Site Area	33 000 m²
建 筑 面 积	Floor Area	13 326 m²
主体建筑高度	Height of Main Building	15.70 m

/ 以中国传统院落布局方式，实现中国传统建筑形式在现代语境下的和谐回归 /

　　本项目为集餐饮、商务、洽谈、会议、宴会、住宿等功能于一体的综合性酒店，整体布局顺应基地形式而展开，以内部功能决定外部形式，将各功能分区通过连廊和庭院相连接，从而形成一个建筑群落。

　　设计采用现代中式酒店建筑风格，吸纳岭南四大名园、北京四合院等众多中式建筑的精华，辅以现代建筑文化特色，形成独具特色的现代新中式建筑；提取中国传统建筑中花窗的元素及传统建筑开窗形式，既满足了采光要求，又简洁明快、朴素典雅，使建筑内秀而不张扬，与现代化酒店个性相吻合。

国家会展中心天津万豪酒店
Tianjin Marriott Hotel · National Convention & Exhibition Center

建 设 地 点	Location	天津市津南区咸水沽镇
设计/竣工时间	Design / Completion Date	2018 年 / 在建
用 地 面 积	Site Area	95 039 m²
建 筑 面 积	Floor Area	280 460 m²
主体建筑高度	Height of Main Building	136 m
合作设计项目	Co-design Project	

/ 集酒店、会议、办公、商业等多种业态于一体，打造会展产业聚集带 /

　　国家会展中心工程一期综合配套区是集酒店、会议、办公、商业等功能为一体的综合体公共建筑，地上 28 层，地下 2 层。建筑采用标志性的轴线对称形式，产生庄严的效果，和建筑性质相匹配。20 把"钢伞"构成的东入口大厅通过连廊连接两侧裙房，形成枢纽。银灰色钢结构与大面积玻璃幕墙组成整体统一的沿街形象，两侧裙房采用砖红色陶板延续天津老城区传统建筑历史元素。主入口布置在国展路，拉开与一期出入口的距离，方便使用。建筑周边布置环形车道，与一期外环路形成完整环路，人、车、货流线清晰简洁。

公共服务建筑 | PUBLIC SERVICE BUILDINGS

天津市第二殡仪馆迁址新建工程

Relocation and New Construction Project of Tianjin Second Funeral Parlour

建 设 地 点	Location	天津市东丽区金钟街
设计/竣工时间	Design / Completion Date	2016 年 / 2021 年
用 地 面 积	Site Area	332 300 m²
建 筑 面 积	Floor Area	87 260 m²
主体建筑高度	Height of Main Building	23.95 m

/ 本着以人为本的原则，设计融合了传统的纪念性空间、简洁朴实的建筑造型和宁静自然气氛，强调人、自然、建筑物与场地的高度融合 /

　　天津市第二殡仪馆整个基地分为 4 个功能分区，北区为骨灰存放区，中区为主礼区（告别厅、遗体处理及火化），西区为守灵区，守灵区前面为后勤服务区。4 个功能分区明确，互不干扰，联系方便。总平面布局结合各功能分区及中国园林的元素，围绕两条南北轴线展开布局，营造出庄重肃穆的氛围。在空间塑造上，营造南低北高，"背山面水"的整体空间形态。建筑立面采用青砖、灰瓦并加入中国传统建筑语汇，营造沉稳、端庄的纪念性建筑气质。设计将整个建筑群置于一片绿色之中，打造绿树掩映的园林式氛围，既宁静祥和，又有助于舒解人的悲伤情绪；同时，实现了区域内人车分流、不同功能间车车分流、不同人群间人人分流，交通流线清晰。

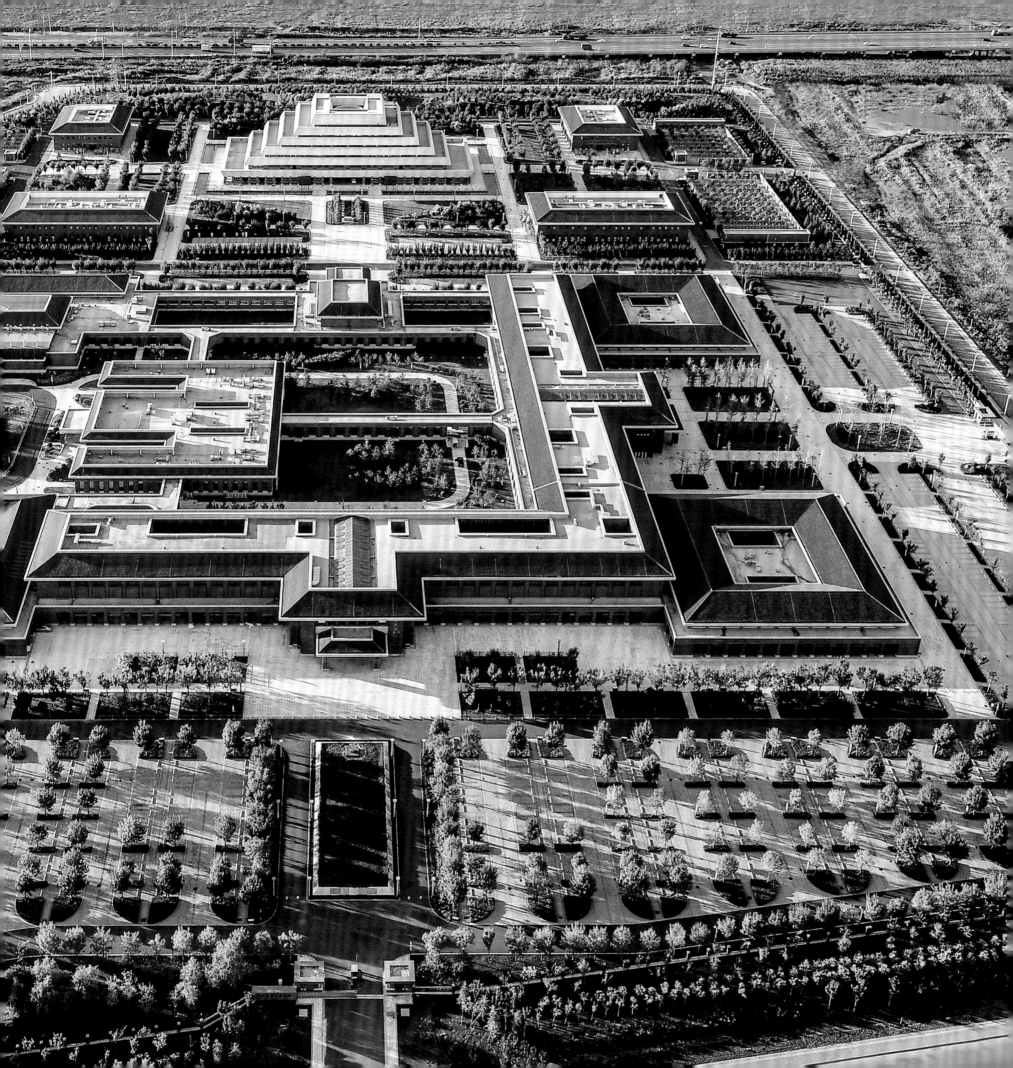

天津市第三殡仪馆改扩建工程

Reconstruction and Expansion Project of Tianjin Third Funeral Parlour

建 设 地 点	Location	天津市西青区张家窝镇
设计/竣工时间	Design / Completion Date	2014 年 / 在建
用 地 面 积	Site Area	127 500 m²
建 筑 面 积	Floor Area	40 000 m²
主体建筑高度	Height of Main Building	19.95 m

/ 以"人、自然、建筑的和谐统一"为理念，以公园般的环境为目标；通过轴线对称体现纪念性，通过分散的建筑体量创造出宜人的空间尺度 /

天津市第三殡仪馆改扩建工程位于天津市西青区张家窝镇，在原址基础上进行改扩建，工程建设期间所有殡葬业务不能停止。如何化解异形用地的问题，使建筑与城市对话；如何在布局上保证运营不间断，使新馆与老馆对话；如何解决现有殡仪馆使用中的一些痛点，改变人们对于殡仪馆的固有印象，实现建筑与人的对话，这些成为建筑创作的切入点。

设计以"人、自然、建筑的和谐统一"为理念，以公园般的环境为目标。总体布局通过轴线对称体现纪念性，通过分散的建筑体量创造出宜人的空间尺度。

主要的功能空间设置独立的出入口，减少了告别人群的相互干扰。精心设计的流线、温馨的场景塑造，体现了对生者、往生者以及工作人员的尊重。

津门湖综合充电服务中心
Jinmen Lake Integrated Charging Service Center

建 设 地 点	Location	天津市西青区丽江道
设计/竣工时间	Design / Completion Date	2020 年 / 2021 年
用 地 面 积	Site Area	6 576 m²
建 筑 面 积	Floor Area	1 613 m²
主体建筑高度	Height of Main Building	9.35 m

本项目为既有津门湖充换电站的改造工程，基地北侧增设充电工位，南侧增设乘用与换电工位、箱式储能仓、集控站、5G 基站等。场地内充电工位有序，流线清晰。

除扩容充电服务外，津门湖综合充电服务中心为国家电网电动汽车服务有限公司提供智能化运维服务功能，构建以服务城市新能源汽车研究开发为核心的综合服务。为突出新能源汽车这一新产品及相关新技术的研究与开发功能，设计团队对其建筑功能重新进行调整与定位。

项目结合既有建筑的特点，以合理布局、经济适用、绿色环保、美观大方为指导思想，遵照国家及天津市现行规范和相关法规，充分利用原有建筑的结构特点，尽可能满足新的功能需求，对室内空间加以充分利用，结合研发中心特殊的使用需求，做好人员流线设计与安全疏散。

既有建筑提升改造 |
UPGRADING AND RENOVATION OF EXISTING BUILDINGS

平津战役纪念馆改造

Peiping-Tianjin Campaign Memorial Museum Renovation

建 设 地 点	Location	天津市红桥区平津道
设计/竣工时间	Design / Completion Date	2020 年 /2021 年
用 地 面 积	Site Area	42 800 m²
建 筑 面 积	Floor Area	15 000 m²
主体建筑高度	Height of Main Building	21.50 m

/ 全面展示我国解放战争伟大胜利的专题展馆，革命传统教育的重要课堂
和弘扬先烈革命精神的重要阵地 /

　　平津战役纪念馆是继淮海、辽沈战役纪念馆之后修建的三大战役纪念
馆中规模最大的一座。总平面设计利用中轴对称手法和逐步升高的空间序
列，创造浓郁的纪念氛围和观众进馆之前进行心理准备的前导空间。入口
广场结合战斗场景花岗石浮雕墙和胜利柱顶部的东北、华北两路大军雕像，
突出了平津战役的历史特色。展览形式和建筑物构成突破了国内外战争纪
念馆沿用已久的展厅加全景画馆的传统模式，首次创设了战役战斗多维演
示厅。设计将球幕与环幕电影同场景转换，将战斗模拟合成演示和环形旋
转看台相结合，为博物馆建筑开创了一种崭新的展示和观演方式，在国内
外尚属先例。

　　2021 年，平津战役纪念馆基本陈列馆及多维演示馆进行改陈及维
修提升。其中，基本陈列馆改陈面积为 6 500 m²；多维演示馆面积为
2 550 m²，主要包括装备升级、场景营造。设计人员结合现代数字技术
和展示需求制作数字影片；对公共导视系统、语音导览系统等智慧展馆
服务系统进行升级，通过多种途径充实、丰富馆内的基本陈列与多媒体
展线。

天津奥林匹克中心体育场改造
Tianjin Olympic Center Stadium Renovation

建 设 地 点	Location	天津市南开区卫津南路
设计/竣工时间	Design / Completion Date	2016 年 /2017 年
用 地 面 积	Site Area	445 000 m²
建 筑 面 积	Floor Area	169 000 m²
主体建筑高度	Height of Main Building	53 m
观 众 席 座 位	Auditorium Seats	60 000 座

/"水滴入水"—— 绿色、人文、科技的体育场 /

设计人员对已建成的体育馆、拟建的水上运动中心及新建的 6 万人体育场 3 项体育设施进行综合考虑，以"露珠"为主题，构成 3 颗清亮的"水滴"。水滴入水寓意人类回归自然的理想，体现着"绿色奥运"的主题。

体育场以柔和的曲面空间造型与碧水、蓝天、绿草融合在一起，作为一座生态建筑，它简约、通透、富有张力，加之完善的使用功能，既满足国际足球和世界田径比赛的要求，又创造出适宜的人文环境，体现着"人文奥运"的主题。

多种新技术、新工艺、新材料的大量使用，使体育场的外部造型和空间结构显得更加轻盈，光纤通信、电视转播信息平台、智能化管理系统等科技手段，使之成为科技含量高的体育场，创造出理想的竞技环境，体现着"科技奥运"的主题。

为承办 2017 年第十三届全运会的开幕式和田径比赛，根据赛事使用要求，设计团队对体育场局部进行了设计提升和调整，主要为加建接待用房和搭建临时主席台两部分内容，重塑了更快、更高、更强的城市礼仪形象。

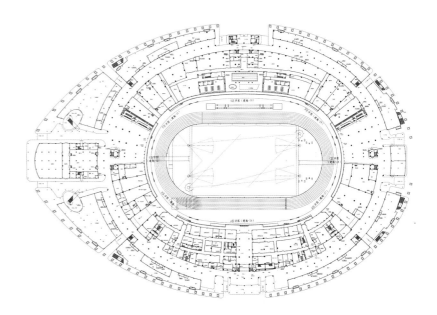

天津泰达足球场提升改造工程
Tianjin TEDA Football Field Upgrading and Renovation Project

建 设 地 点	Location	天津市经济技术开发区北海路与泰达大街交角
设计/竣工时间	Design / Completion Date	2020 年 / 2021 年
用 地 面 积	Site Area	62 900 m²
建 筑 面 积	Floor Area	81 000 m²
主体建筑高度	Height of Main Building	33 m
观 众 席 座 位	Auditorium Seats	34 600 座

/ 通过建筑改造与场地更换，使曾经的国际标准足球场焕发崭新的活力 /

　　天津泰达足球场建于 2004 年，记载了天津泰达足球队值得纪念的历史巅峰时刻。本次泰达足球场提升改造，主要建设内容分为建筑改造和场地改造两部分。建筑改造包括：建筑功能布局调整、外檐改造、机电系统提升改造等。场地改造包括：场外球迷活动区、钻石广场、室外综合转播区、媒体停车区等改造工程。

　　泰达足球场在全国十个亚洲杯办赛场中规模最小，钻石小而精，本次提升改造充分结合"钻石"元素，寓意为泰达足球场镶嵌一枚钻石。钻石广场赛时作为停车场，平时可作为市民健身广场，以泰达足球场为底景，成为人们的打卡圣地。在出入口，钻石形的立柱支撑玻璃雨棚，在功能上满足球场入口的防雨要求，在夜晚灯光下烘托出建筑入口形象。钻石造型龙骨在阳光下投射出钻石形的光影，光影可随时间变化，与钻石广场遥相呼应。

道奇棒球场改造
Renovation of Dodge Baseball Field

建 设 地 点	Location	天津市河西区环湖中路
设计/竣工时间	Design / Completion Date	2020 年 / 2021 年
用 地 面 积	Site Area	3 400 m²
建 筑 面 积	Floor Area	2 460 m²
主体建筑高度	Height of Main Building	18 m

/ 表里相生、新旧共荣 /

　　道奇棒球场曾是天津雄狮队的主场，1986 年因洛杉矶道奇队协助兴建而得名，见证了天津雄狮队多次夺冠的辉煌历史，是天津棒球运动的重要地标。建筑主体虽已破旧不堪，但承载着天津棒球运动的辉煌历程。本着留存历史记忆、绿色环保的原则，本项目对原有建筑进行改造，使其物理寿命得以延续，同时保留其文化价值及历史印迹。改造后的道奇棒球场作为文化亮点助力新建住宅鲁能体北公馆，前期作为地产售楼处使用，通过特色打造，使之焕发璀璨光芒；远期则作为鲁能体北小学的报告厅和行政办公用房使用，合力打造精品校园。

　　设计以"加冕雄狮"为设计愿景，为道奇"轻轻地戴上一顶王冠"以致敬历史。新介入的"王冠"与"修旧如故"的部分形成了鲜明对比，既延续了冠军文脉，又打造出充满戏剧性的建筑形象。看台作为道奇棒球场最具代表性的部分被完整保留。随着新体量的巧妙介入，"王冠"将原有的室外看台衍化为室内座席，可以承载多元化的使用场景。新与旧、内与外、历史与未来在这里不期而遇，共同奏响一曲和谐乐章。

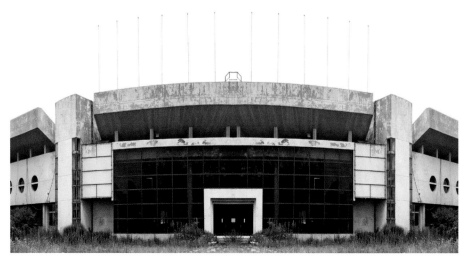

新八大里工业建筑遗产改造
New Badali Industrial Building Heritage Renovation

建 设 地 点	Location	天津市河西区黑牛城道
设计/竣工时间	Design / Completion Date	2014 年 / 2014 年
用 地 面 积	Site Area	6 223 m²
建 筑 面 积	Floor Area	2 918 m²
主体建筑高度	Height of Main Building	9.50 m

/ 合理利用是对工业遗产建筑最好的保护和传承 /

项目基址原为天津电机总厂生产车间，前身是上海新安电机厂天津分厂，其于 1958 年迁入现址。遗存的两栋建筑外檐虽然已经陈旧破损，但风采依存，现按国家绿色建筑三星级标准改造设计。改造时本建筑由新八大里改造工程指挥部办公使用，远期可转化为小型文化沙龙交流场所等。

设计以安全、经济、合理为原则，在加固修缮墙体过程中，同步将被动式节能技术融入结构加固体系，提高建筑围护结构的热工性能；替换屋架，搭建新的结构体系，实现既有建筑再利用，创造新的建筑生命周期；强化自然通风及屋顶天然采光，优化室内管线布局；采用 VRV（变冷媒流量多联式空调系统）+ 新风热回收系统，结合局部吊顶及遮阳系统，提高舒适度及灵活性；针对大型开敞空间，在冬季尽可能利用近人尺度的地板辐射采暖获得较舒适的室内环境；采用太阳能热水系统，为卫生间、餐厅等提供生活热水；对基地现存绿化树木基本予以保护、保留。

建筑造型设计本着"修旧如故"的原则，最大限度地保留原有立面风格；对于原建筑山墙破坏得较为严重的部分，仿照木屋架构件形式，将屋架暴露在外。玻璃幕墙增强主入口的通透性和引入感，既保留了建筑原有风貌，又体现出时代感。

和平大悦城改造
Renovation of JOY CITY in Heping District

建 设 地 点	Location	天津市和平区南京路
设计/竣工时间	Design / Completion Date	2015 年 /2016 年
用 地 面 积	Site Area	15 240 m²
建 筑 面 积	Floor Area	186 661 m²
主体建筑高度	Height of Main Building	150 m

　　天津和平大悦城是天津市内的第 2 家大悦城，共有地上 6 层，地下 1 层，并可直通营口道地铁站，交通极为便利。整体建筑由 38 层、36 层、22 层 3 座高层建筑及 6 层商场部分组成。本次改造涉及 1~6 层商业部分，改造建筑面积为 47 133 m²。

　　为了迎合时代发展下的新消费理念，盘活商业空间、激活城市商业元素，本次对原有商业空间 1~6 层部分进行积极创新的改造，设立了天津首部跨越 1~4 层、4~6 层的"飞天梯"，使建筑结构空间更加摩登时尚。本次改造提升了建筑的商业价值，使其成为年轻人和都市白领们最喜爱的购物场所。

天津市儿童医院改扩建工程

Renovation and Expansion Project of Tianjin Children's Hospital

建 设 地 点	Location	天津市河西区马场道
设计/竣工时间	Design / Completion Date	2016 年 /2019 年
用 地 面 积	Site Area	43 446 m²
建 筑 面 积	Floor Area	76 225 m²
主体建筑高度	Height of Main Building	47.20 m
床 位 数	Number of Beds	500 床

天津市儿童医院改扩建一期工程项目包含新建建筑 32 191 m²、改建建筑 34 024 m²、保留建筑 10 010 m²，由新建门急诊住院综合楼、综合楼、地下停车库、停车塔库及改造行政楼、职工学生宿舍、制氧站、病案楼、后勤楼等工程组成。

为尊重院区原有的建筑记忆，设计将建筑外形与内部空间相融合，使就医环境更符合儿童心理，并充分考虑患儿就诊的环境特点，创造适合患者与医护人员的建筑空间及室外环境，提供合理简明的流线及功能分区。医患均有相对独立的工作及就医空间。

设计将保留、改造、新建建筑进行资源统筹整合，形成合理、高效、完善的统一体，17 个专项工程一次性同步设计，实现设计内容的高度统筹和充分协调，最大限度地避免设计变更和施工拆改，实现真正的"绿色、低碳"。

居住建筑 | RESIDENTIAL BUILDINGS

300

天津市泰悦豪庭
Tianjin Taiyue Haoting

302

锦程嘉苑
Jincheng Jiayuan

304

祥云名苑
Xiangyun Mingyuan

306

中加生态示范区枫书园、枫丹园
Fengshu Yuan and Fengdan Yuan of Sino-
Canadian Ecological Demonstration Zone

308

天津绿城全运村·云实园、锦葵园
Yunshi Yuan and Jinkui Yuan of Tianjin
Greentown Quanyun Village

310

信和苑
Xinhe Yuan

312

万和花苑
Wanhe Huayuan

314

梅江南天洲园
Meijiang South Tianzhou Yuan

316

梅江水岸公馆
Meijiang Shui'an Residence

318

鲁能文嘉花园
Luneng Wenjia Garden

320

港东新城福波园住宅小区
Fuboyuan Residential Community of
Gangdong New Town

322

新八大里第二里——双迎里
The Second Li of the New Badali —
Shuangying Li

324

新八大里第四里——四信里
The Fourth Li of the New Badali —
Sixin Li

326

体北鲁能公馆
Tibei Luneng Residence

328

保定白沟新城安泰首府东区工程
Baoding Baigou New Town Antai
Capital East Area Project

天津市泰悦豪庭
Tianjin Taiyue Haoting

建 设 地 点	Location	天津市河西区台儿庄路
设计/竣工时间	Design / Completion Date	2004 年 / 2012 年
用 地 面 积	Site Area	15 160 m²
建 筑 面 积	Floor Area	89 813 m²
主体建筑高度	Height of Main Building	97.65 m
合作设计项目	Co-design Project	

/ 设计巧妙结合滨水景观资源，通过对户型空间的灵活设计和城市轮廓线的塑造，创造出特色鲜明的多元居住空间和层次丰富、简洁现代的海河沿岸城市形象 /

　　泰悦豪庭位于美丽的海河岸边，项目充分利用沿河景观打造富有标志性的住区。规划将所有建筑单体沿基地北界围合布置，使各单体均能面向海河，同时将沿河建筑底层架空，使海河景观延伸至基地内。基地南部布置景观庭院和水景，为居民提供宜人的室外环境的同时改善住区微气候。

　　建筑形体组合注重塑造整体群落，采取东低西高、突出重点的设计手法和富有节奏感的群体组合来丰富城市轮廓线；立面设计则通过外窗玻璃、屋顶花园和建筑顶部造型处理来减轻体量感，同时采用水平线条、垂直体块和弧线转角等元素塑造新颖、明快的现代气息。

　　套型设计从现代人居模式出发，以两室两厅、三室两厅为主，并设置一定数量的跃层，运用退台、挑空等手法创造出灵活多变的空间；大量圆角、圆弧窗等的使用既为业主拓展了户内视野、提供极富特点的室内空间，又使建筑最大限度地减少对周边的压迫感。

锦程嘉苑

Jincheng Jiayuan

建 设 地 点	Location	天津市西青区秀川路
设计/竣工时间	Design / Completion Date	2010 年 / 2014 年
用 地 面 积	Site Area	49 575 m²
建 筑 面 积	Floor Area	48 684 m²
主体建筑高度	Height of Main Building	15.11 m

　　锦程嘉苑三区以独栋和联排别墅为主，通过规划、景观和单体建筑设计打造高品质住区典范。规划布局采用"组团—街坊"模式，为邻里交往营造空间环境；交通组织采用人车分流理念，通过住宅南北两侧竖向关系处理，使住宅一侧下沉，使台地、道路平坡结合，形成便利的入户条件，最大限度地减少组团地面的车流，创造安全、安静的居住环境。

　　景观设计围绕会所与开放水体形成社区的核心景观，并通过水脉贯穿整个中心社区，与社区绿化开放空间共同构成别具特色的生态网络体系；同时慢行步道与各组团绿地、中心景观绿地相连，形成社区开放空间，水景系统与各开放空间相结合共同构成社区独具特色的景观网络。设计还结合场地的高差创造了丰富的景观，为居民创造了诗情画意的景观环境。

　　建筑外观设计渗透着英伦风格，突出砖砌手工质感，屋顶为两坡顶，局部有交叉山花，体现英国小镇风情的建筑特色。

祥云名苑

Xiangyun Mingyuan

建 设 地 点	Location	天津市河东区六纬路
设计/竣工时间	Design / Completion Date	2011 年 / 2015 年
用 地 面 积	Site Area	15 500 m²
建 筑 面 积	Floor Area	124 887 m²
主体建筑高度	Height of Main Building	158 m

祥云名苑主要有居住式公寓、商业及停车功能。3 栋居住式公寓均为超高层建筑，布置在两层裙房平台上，地下为机动车及非机动车停车（局部含人防）区。由于项目用地紧张、容积率较高，设计团队利用部分裙房设置两层架空停车库，并在裙房平台上设置屋顶花园，较好地解决了在城市中心区高强度开发条件下营造舒适、宜居环境的问题。

建筑设计采用折板式体形，既解决居住建筑与超高层建筑体形之间的问题，又化解了城市设计与居住建筑朝向要求之间的矛盾。规整的空间设计为降低含钢量及精装修提供了先决条件。该项目的实施极大地增加了该区域的活力，发挥了良好的经济、社会和环境效益。

中加生态示范区枫书园、枫丹园

Fengshu Yuan and Fengdan Yuan of Sino-Canadian Ecological Demonstration Zone

建 设 地 点	Location	天津市滨海新区荣盛路
设计/竣工时间	Design / Completion Date	2016 年 / 2019 年
用 地 面 积	Site Area	115 847 m²
建 筑 面 积	Floor Area	208 742 m²
主体建筑高度	Height of Main Building	9.10 m
合作设计项目	Co-design Project	

/ 通过轻型木结构体系实现绿色环保、可持续循环利用的生态示范住宅 /

　　枫书园、枫丹园位于天津中加生态示范区内。本项目力求打造低碳、智慧、生态的全景社区。

　　住宅组团整体规划采用窄路密网的布局，空间形态呈南低北高。低层住宅地上部分为轻型木结构体系，采用规格木材 (SPF)、结构级定向刨花板 (OSB)、钉连接等新材料、新技术，实现了绿色、环保、可持续循环利用的目标。轻型木结构装配式工艺体系提高了建筑的抗震性能，减轻了建筑的自重。柔性连接点具有很好的稳定性，施工工期短，预制化生产，现场无重型器械，无湿作业，土建和装修一并完成，所有预埋管线及保温材料全部同时到位，节省人工、材料，也不存在传统钢筋混凝土建筑因装修造成的二次破坏。

　　项目通过精细化的设计和建造，达到了国家绿色建筑三星级标准。

天津绿城全运村 · 云实园、锦葵园

Yunshi Yuan and Jinkui Yuan of Tianjin Greentown Quanyun Village

建 设 地 点	Location	天津市河西区珠江道
设计/竣工时间	Design / Completion Date	2015 年 / 2017 年
用 地 面 积	Site Area	71 200 m²
建 筑 面 积	Floor Area	246 000 m²
主体建筑高度	Height of Main Building	85 m
合作设计项目	Co-design Project	

/ 服务赛事，立足百姓 /

　　天津绿城全运村云实园、锦葵园为 2017 年第十三届全运会运动员的配套居住用房，全运会结束后作为精装商品房销售。绿城全运村规划率先实践"窄路密网"的布局理念，按照 170~310 m 不等的街区尺度划分 8 个居住地块，通过景观轴线的穿插连通，形成宜人宜居、步行友好的城市街道；同时采用商住混合设计理念，将居住区与商业区适度混合，形成生活性道路、建筑围合的院落式布局，居住环境安静私密，配套设施齐全，社区便民性强，还提高了商业价值。景观设计仿照法式园林设计手法，利用各地块景观中轴线贯穿整个居住区，每个地块均设有 2 个出入口与规划道路连通，方便居民出行的同时还满足消防要求。

　　在建筑单体设计方面，采用正南北布局，建筑体形规整，户型平面紧凑，节能性能良好；立面设计突出高耸向上、向心的建筑形象，造型简洁、明快，线脚精致，外檐采用米黄色质感涂料，与周边环境协调统一。

信和苑
Xinhe Yuan

建 设 地 点	Location	天津市河东区海河东路
设计/竣工时间	Design / Completion Date	2014 年 / 2017 年
用 地 面 积	Site Area	15 377 m²
建 筑 面 积	Floor Area	254 575 m²
主体建筑高度	Height of Main Building	170 m

/ 延续城市文脉，植入城市生活 /

　　本项目位于天津市 CBD（中心商务区）中心，临海河而建，项目规划、景观、建筑单体设计都从人的体验出发，进行一系列空间打造。在规划设计方面，打造人性化开放社区，南侧沿海河岸和北侧未来商业区完全开放，使社区与社会商业及配套设施能够互相借用，形成慢行的城市空间；同时规划设计强调建筑高度在城市空间中的作用，充分考虑城市界面和天际线的美观。建筑造型设计采用西洋古典建筑比例，将石材、铝板运用到细部设计中，充分体现出端庄的古典美，不仅契合城市文脉，也丰富了滨河大道的城市景观。

　　建筑单体平面布局适应结构要求，既打造了舒适的室内空间，又节约了用钢量。户型多样，使各部分居住功能完美结合，提高居民的生活品质。

万和花苑
Wanhe Huayuan

建 设 地 点	Location	天津市西青区民和道
设计/竣工时间	Design / Completion Date	2010 年 / 2012 年
用 地 面 积	Site Area	130 417 m²
建 筑 面 积	Floor Area	333 783 m²
主体建筑高度	Height of Main Building	74.60 m

/ 延续天津居住文脉，打造组团化人居空间；以绿色生态节能技术为特色，
为当地居住形态的未来发展带来示范 /

　　远洋万和花苑通过规划、景观和住宅单体的设计，打造"差异化的产品社区"和"精细化居住区"。规划将长方形地块划分为三个组团，对空间环境进行差异化处理，采取宅前院落、景观庭院、下沉庭院等方式塑造差异性景观空间，使建筑与景观环境融为一体，形成自由灵活、错落有序、层次分明的空间布局。规划将 3 个组团下的大平台地下车库提高 1.5 m 作为步行区域，将组团的外环路规划为车行系统，从而实现人车分流。由于减少了地下开挖深度，约节省 1/3 地下总工程成本。

　　在户型设计方面，设计团队打造差异化产品社区，90 m² 以下户型设计为二室、小三室、小跃层，满足不同家庭需求；90 m² 以上设计满足传统核心家庭需求的户型。户型内部的布置也打破传统方式，将客厅与餐厅设在户型端头，尽享院落景观。

梅江南天洲园
Meijiang South Tianzhou Yuan

建 设 地 点	Location	天津市河西区上岛西路
设计/竣工时间	Design / Completion Date	2013 年 / 2017 年
用 地 面 积	Site Area	93 285 m²
建 筑 面 积	Floor Area	45 972 m²
主体建筑高度	Height of Main Building	27.60 m

　　本项目规划不拘泥于传统住区行列式的排布方式，而是顺应地势，注重建筑、地形及道路三者间的关系，结合现状地形，使路网呈三环状。建筑顺应路网环状布置，朝向自由灵活，同时结合地形高差为每户创造观赏湖景的机会。开放空间设计了 3 个层次，第一层次位于用地中心，椭圆形的中央公园是整个居住区地势最高的区域，中央公园与周围建筑相得益彰，成为城市生活中的稀有资源；第二层次位于外环车行道交通岛处，此处景观兼顾人行和车行尺度，舒适宜人且起到有效控制车速的作用；第三层次位于沿湖一周，结合临湖堤岸，将湖岸景观最大限度地引入居住区内。

　　建筑设计则兼顾功能的实用性与建筑特色。单体设计秉承引领低层住宅设计方向的理念，为每栋建筑创造实用的功能空间、特色的个性空间、放松的休闲空间、宜人的自然空间。立面设计以简洁、庄重但不失亲切的设计语汇贯穿始终，古典元素结合适宜的比例、尺度以干练的方式进行表达；同时摒弃繁复的雕花，减少装饰性构件，单纯地运用比例、尺度勾勒建筑自身的美感，将功能性构件与建筑立面紧密结合。立面采用浅色系石材，使整栋建筑宛如玉石雕琢、浑然天成；屋顶瓦与周边项目结合，用暖色系瓦片混铺，使建筑与周边环境和谐统一。

梅江水岸公馆
Meijiang Shui'an Residence

建 设 地 点	Location	天津市河西区环岛西路
设计/竣工时间	Design / Completion Date	2006 年 / 2009 年
用 地 面 积	Site Area	143 700 m²
建 筑 面 积	Floor Area	218 000 m²
主体建筑高度	Height of Main Building	100 m
合作设计项目	Co-design Project	

/ 开放街区连接城市，重塑空间激发活力 /

　　水岸公馆位于自然景观丰富的梅江南地区，由中高层、高层和低层别墅组成。社区中引入多样化的城市生活要素，将居住、工作、休憩、购物、娱乐、文化等诸多功能相混合，形成多元化功能社区。

　　在交通组织上，小区周边设置区内环路，各组团通过环路与外界联系，减少对组团内的干扰。在建筑布局上，沿湖设置低矮的别墅组团，建筑逐次增高，从疏至密的渐变形态充分利用湖景。小区入口主轴线两侧布置商业步行街，方便居民购物休闲，并以浓郁的生活气氛为小区带来活力。

　　住宅单体设计多样化，满足不同人群需求。立面设计通过拼贴手法，采用平屋顶、传统的平瓦屋顶、现代的单坡金属屋面等不同形式与多种材料，将地中海元素和"五大道"历史元素引入现代主义风格中，使整个小区协调统一。

鲁能文嘉花园
Luneng Wenjia Garden

建 设 地 点	Location	天津海河教育园区同声路
设计/竣工时间	Design / Completion Date	2016 年 / 2019 年
用 地 面 积	Site Area	116 080 m²
建 筑 面 积	Floor Area	246 511 m²
主体建筑高度	Height of Main Building	31.70 m

/ 集生态、健康、运动、娱乐于一体的"体育 +"活力社区 /

项目毗邻南开大学津南校区，以"体育 +"为主题，以"一轴、一环、四核"为规划布局，实现我国绿色建筑二星级标准要求，打造全生命周期的"生态、健康、运动、娱乐"的活力社区。

作为高端居住项目，结合当地区域客户需求，设计团队研究设计了多种产品组合，包括联排、洋房和小高层，各户型设计为每户争取最大限度的通风采光，同时户内空间具有灵活性，满足不同习惯居民的生活需求。在立面风格上，设计尊崇文脉延续的原则，打造一个能充分体现"学院风格"的高端社区，采用仿红砖涂料为主要外墙材料，突出建筑稳重、大气的品质，同时局部线条采用高级仿石涂料以体现建筑的品质感。

港东新城福波园住宅小区
Fuboyuan Residential Community of Gangdong New Town

建 设 地 点	Location	天津市滨海新区海景十路
设计/竣工时间	Design / Completion Date	2007 年 / 2010 年
用 地 面 积	Site Area	36 700 m²
建 筑 面 积	Floor Area	61 998 m²
主体建筑高度	Height of Main Building	52.10 m
合作设计项目	Co-design Project	

本项目采用曲线形布局形式，通过建筑围合形成两个大面积景观庭院，使每户均有良好的景观朝向，同时形成优美的建筑轮廓天际线。

在景观设计方面，一大一小两个景观院落结合不同功能被设计成运动性、生态性、文化性的景观区域，丰富了景观系统。

在户型设计方面，设计团队充分利用南北景观庭院，设置入户花园，提升居住品质。对于大户型，设计将交通面积转换成方形的交通厅，卧室围绕交通厅布置，实现零交通面积；小户型的餐厅、客厅可分可合，有双阳台和明厨明卫。

立面设计打破了单调乏味的设计手法，将每两层作为一个立面单元进行设计，单元与单元之间交错布置，形成丰富的空中别墅的立面形式；细部处理丰富精致，门窗、凸窗、连通阳台、出挑阳台等元素使立面更丰富；同时通过面砖、不同颜色的涂料及玻璃栏杆等不同材质的对比塑造了丰富、现代、新颖的建筑形象。

新八大里第二里——双迎里
The Second Li of the New Badali — Shuangying Li

建 设 地 点	Location	天津市河西区黑牛城道
设计/竣工时间	Design / Completion Date	2015 年 / 2018 年
用 地 面 积	Site Area	59 600 m²
建 筑 面 积	Floor Area	263 004 m²
主体建筑高度	Height of Main Building	130 m

/ 中国传统四合院空间和现代居住理念相结合的新时代住宅街区 /

　　双迎里采用"窄路密网"对老八大里院落式社区重新诠释，创造人行优先的场所尺度；通过"院落式"建筑空间和沿街商铺的复合化功能设计，增加社区活力，形成宜人优雅的景观环境；充分利用南侧复兴河景观带，营造逐层展开的城市滨水天际线。

　　住宅、公寓功能以人居为出发点，尽量减少结构剪力墙，增加灵活多变的、适应全生命周期多种舒适居住空间的可能性；强调空间呼应人在住宅中的流线关系，注重情趣空间的设置。

　　本项目充分结合地下空间开发，在地下室设置 2 500 m² 的区域能源站，其为带有冷热调峰的土壤源热泵耦合水蓄冷、蓄热系统，土壤埋管敷设于复兴河公园及周边绿地，为双迎大厦和配套的商业建筑提供高效冷热源，实现对生态环境的保护。能源站所采用的能源形式与传统的能源形式相比，每年可节约标准煤 1 720 t，减少 CO_2 排放量 4 507 t、减少 SO_2 排放量 41 t、减少 NO_x 排放量 15.5 t。

新八大里第四里——四信里
The Fourth Li of the New Badali — Sixin Li

建 设 地 点	Location	天津市河西区黑牛城道
设计/竣工时间	Design / Completion Date	2014 年 / 2016 年
用 地 面 积	Site Area	27 100 m²
建 筑 面 积	Floor Area	83 000 m²
主体建筑高度	Height of Main Building	75.75 m
合作设计项目	Co-design Project	

作为城区更新项目，四信里是天津市区内第一个窄路密网道路体系下的新型社区。项目规划从尊重原址元素出发，留住城市记忆，一方面在窄路密网的规划理念下最大化构建道路系统，另一方面对基地内原有树木进行避让和合理保留，从而表达对老八大里住区的尊重，同时道路断面充分考虑步行尺度，使地块退线与城市公共步行空间紧密结合，营造景观宜人的步行空间。

立面设计借鉴古典主义手法，追求比例的严谨和细节的精准，突出强烈的传统历史痕迹与浑厚的文化底蕴，以理性的结构比例呈现秩序感，以传统精美的砖砌工艺体现新型社区的人性化。

体北鲁能公馆
Tibei Luneng Residence

建 设 地 点	Location	天津市河西区环湖中路
设计/竣工时间	Design / Completion Date	2020 年 / 在建
用 地 面 积	Site Area	57 800 m²
建 筑 面 积	Floor Area	170 000 m²
主体建筑高度	Height of Main Building	54 m

/ 留续体北生活，创造健康社区 /

项目是中国第一个获得 WELL 铂金认证的居住建筑项目，也是天津在新冠肺炎疫情暴发后第一批新建的居住社区。

基于 WELL 健康建筑以及对后疫情时代居住的考虑，本项目设计提出两大健康设计理念。第一是"全龄 + 全时 +5 分钟"的健康社交生活圈概念，打造足不出户、尽享健康的"恒康"住区；第二是"健康要素"设计体系，以影响人体健康最突出的光照、空气和声环境三大要素为基础，进行整个住区的设计考量。同时，作为天津"体北"老居住片区中第一个更新板块，出于对这片无法复制的土地的尊重，设计将片区特有的人文基因传承下来，延续片区繁荣的同时，植入时代基因和健康基因。

"自在社交"作为"体北"特有的地缘文化，被高度强调并被传承下来。住区中均布的大株乔木形成宅间交流节点，结合现代设计语汇，延续了围坐大树下的自发社交模式；一系列空间的串联，承载归家路径上的各种生活场景，触发各种共享社交和混龄社交。

项目打造了一处最具"体北"特色的人文栖居地，植入了一座 WELL 铂金认证的健康住区，引领着一种后疫情时代的生活新模式。

保定白沟新城安泰首府东区工程

Baoding Baigou New Town Antai Capital East Area Project

建 设 地 点	Location	河北省保定市白沟镇
设计/竣工时间	Design / Completion Date	2017 年 / 在建
用 地 面 积	Site Area	15 000 m²
建 筑 面 积	Floor Area	39 600 m²
主体建筑高度	Height of Main Building	70 m

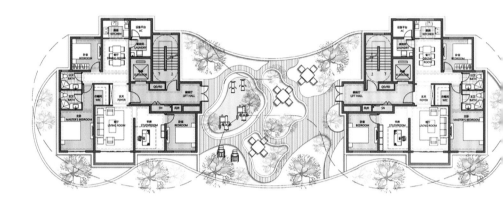

/ 技术与艺术的碰撞，现代生活与传统院落的结合，北方地区第一个第四代住宅 /

本项目在用地紧张的情况下旨在打造绿色、生态、现代化的高端居住社区；通过践行"第四代住宅"的实验性设计理念，柔化建筑与环境之间的界面；通过中心绿化营造高品质、舒适宜人的住区环境，发挥地块最大的环境效益、经济效益和社会效益。

本项目应用"垂直森林"的设计手法，将绿化垂直引入各层居住空间，拉近建筑与环境以及居住者与自然的距离；同时通过设置共享的集中大堂、连通的空中花园和错落的景观阳台，营造面对面的社交环境，促进邻里交往。

项目获得德国被动房 PHI 认证（超低能耗建筑认证体系），通过建筑本体的被动式设计以及能源资源的综合利用，实现建筑能源消耗的最小化。

这是以健康住宅为价值核心的产品设计，一方面通过围绕居住空间形成连续的绿植室外阳台，打造健康舒适的生活空间；另一方面通过打造室内庭院，形成内外景观的对话，使宽景起居厅享受双面景致。

建筑沙龙 | ARCHITECTS SALON

守正筑新的历史记忆
传承创新的探索之路

——天津建院 70 周年院庆纪念系列活动建筑创作座谈会侧记

编者按：

2022 年 8 月 10 日，筹备已久的"天津建院 70 周年纪念系列活动建筑创作座谈会"在天津建院首席总建筑师朱铁麟、《中国建筑文化遗产》《建筑评论》《建筑摄影》编辑部总编辑金磊共同主持下召开。会议围绕"守正筑新的历史记忆·传承创新的探索之路"的主题展开交流。与会专家、领导或回忆天津建院这家国有设计机构的峥嵘岁月，或讲述参加国家城乡建设的多元创新，不仅立足当下，更畅想未来，展示了以天津建院为代表的新中国建筑师、工程师在历史长廊中的时代群像。天津在明永乐二年（1404年）正式筑城，近代以来，天津更成为浓缩中国近现代史的文化宝库。中华人民共和国成立后，作为四大直辖市之一的天津已成为国家中心城市和超大城市，是地处太平洋西岸的"渤海明珠"。伴随中国日新月异的发展脚步，与新中国建设同向同行的天津建院创新不止、硕果累累。相信读者朋友能从天津建院同人的创作与耕耘中，感受到动能澎湃的设计之力，无论是城市更新"蝶变"还是新建项目，天津建院都为渤海明珠——天津留下了时代芳华。

会议现场

朱铁麟

金磊

朱铁麟（天津市建筑设计研究院有限公司首席总建筑师）

为庆祝天津建院成立 70 周年，我们筹办这个关于"守正筑新的历史记忆，传承创新的探索之路"的建筑创作沙龙。每一位天津建院人都得益于天津建院这片沃土的培育，无论是新中国成立之初对社会主义建筑形式的新探索，还是改革开放以来在国际化浪潮背景下对多元建筑风格的新实践，以及新时代对新建筑理论与技术的学习和突破，我们正是依靠守正筑新的设计态度提出一个个精思巧构，去回应每个时代给出的命题。

今天莅临会场的，有我们的老一辈总建筑师韩学超韩总，有我们至今仍奔走在设计一线的刘景樑大师，有天津建院现任总建筑师和优秀的青年建筑师们。70 年，建筑所在的环境不断更新，建筑形式因时代审美取向而不断变化，建筑功能需求也在发展变化，而我感到，有一种东西未曾改变，就是天津建院的建筑师对设计事业的热情和执着。希望大家通过这个沙龙，畅所欲言，从不同年代、不同经历、不同视角，捡拾时代与城市的变迁，串联起天津建院建筑创作的历程，回顾过往，畅想未来。

那么，由我先为今天的沙龙做个热场，用各时期的作品为大家串联这 70 年建筑创作的历程。这 70 年可分为 4 个阶段：从 1952 成立到 1977 年，天津建院最早一辈建筑师在设计作品中全力探寻建筑民族化的真谛，其间，我们也从未缺席国家"一五"以来的一系列建设工作；1978—1999 年，天津建院设计了一批贴近民生、服务社会的大型建筑，天津建院人在对外开放新变化与创作本土化的自主表达中，使崭新的作品不断涌现；2000 年前后，以国际建筑师协会第 20 届世界建筑师大会通过的《北京宪章》和中国加入世界贸易组织为

契机，从天津这个北方对外开放门户的大视角，我们开展了具有国际视野的新创作；其后的"新十年"，也就是 2012 年到 2022 年，我们在设计服务全国战略上闯出新路，包括积极参与到"一带一路"的建设中，用设计助力城市生活，为城市提供了大量优质的社会生活空间载体。在参数化辅助设计、BIM 等数字技术的推广应用上实现突破，为设计师实现独特创意带来了更多可能性；在绿色、低碳技术的创新方面，用深入的技术创新不断践行国家确定的"适用、经济、绿色、美观"的建筑方针；成为 EPC 领域新建设模式的先行先试者；在城市更新方面，我们积极思考如何将存量资源"活化"，让人们从历史中感受现代。

在我的理解，天津建院的设计之路是一个"守正筑新"的过程，"守正"，是持守正道，既体现建筑师"尊重自己，对作品负责"的职业操守，又反映设计中应遵循的规律原则，还包含从不断的设计实践中得到的经验；"筑新"，是开拓创新，是推动时代发展的源动力，在新时代背景下与时俱进、推陈出新。从这 70 年的发展历程中，可以感受到我们的前辈守正筑新的设计态度，可以看到天津建院的新一代建筑师始终保持着这种态度持续传承与创新。值此 2022 年天津建院成立 70 周年之际，我们在致敬前辈建筑师的同时，更感自身责任之重，愿以此心境期待天津建院更美好的未来。

金磊（中国建筑学会建筑评论学术委员会副理事长 《中国建筑文化遗产》《建筑评论》编辑部总编辑）

来到天津建院，仿佛回到了家，很亲切，因为 40 多年前我曾是天津建院的普通员工。在天津建院迎来建院 70 周年庆典时，举办研讨会并梳理作品、总结

会议现场

理念是令人欣慰的，这些也是天津建院人及行业建筑学人的责任。朱铁麟总建筑师为"沙龙"设定的 4 个议题很有深意，有中国设计的精神与使命、有国家倡导的新设计技术，还畅想了未来发展的一系列愿景。

守正筑新可以让历史鲜活起来。建筑世界丰富多彩，怎样全面客观地解析城市和建筑，如何挖掘天津建院建筑师与工程师在设计中那些充满温度的细节，特别是天津建院为人才培养、行业发展树立了怎样的标杆，不仅应是天津建院人的共识，也应化为建筑界的科学与技术"记忆"。按照"守正筑新"与"传承创新"的主题，我有如下感言。

其一，2022 年是中国历史文化名城保护制度发布 40 周年，也是联合国教科文组织通过《世界遗产公约》50 周年，在这个特殊的历史节点上，天津建院迎来了建院 70 周年。围绕上述中外事件主题，在历史文化名城天津议设计、论发展很有意义。值得说明的是，自 2016 年至今，在中国文物学会、中国建筑学会指导下，我和刘景樑大师所在的中国文物学会 20 世纪建筑遗产委员会已经推介评定了共计 7 批、697 个"中国 20 世纪建筑遗产"项目，其中出自天津建院的项目有 10 余个。这足以说明，在讲好中国建筑文化故事时，天津建院一代代建筑师是当仁不让的。在他们中间，有探索"中国固有式"现代主义建筑先驱者董大酉。作为中国第一代建筑师，他先后在上海完成了"大上海计划"（1929 年），1951 年响应国家支援大西北的号召奔赴西安，在西安合作完成了多项 20 世纪建筑经典。在 20 世纪 50 年代末董大酉也是天津建院的一位设计先辈。天津建院有毕业于 20 世纪 60 年代的全国工程勘察设计大师、天津建院名誉院长刘景樑，他在近 60 年的创作生涯中，不断对"传统与现代"这一关于建筑百年的课题做出富有时代性的实践，这些实践既有在改革开放征程上

的设计突破，也有面对国际化浪潮时的文化坚守。刘景樑大师创作并指导了天津建院乃至天津市的一大批卓越项目，是中国 20 世纪建筑遗产项目的贡献者。天津建院有作为中青年领军人物的朱铁麟总建筑师，他早年完成的平津战役纪念馆（1995—1997 年）颇得业界好评，他执着建筑理念探索，坚持追求特色取胜。在 2008 年 5 月 9 日团中央及中国建筑学会等单位主办的"建筑中国——首届全球华人青年建筑师奖"评选中，他成为获奖的全国十大青年建筑师之一，他入选的项目是天津医科大学总医院医学中心（一期）。他始终认为，作为现当代建筑师，要知历史，懂敬畏，不仅要坚持理念创新，还要坚持设计创新。正是这些代代传承的天津建院人，为企业带来了丰富的项目与机会。

其二，近 20 年来，在刘景樑大师的组织领导下，本人从时任《建筑创作》主编到今天的《中国建筑文化遗产》《建筑评论》《建筑摄影》编辑部总编辑，先后协助天津建院完成了《天津建筑图说——20 世纪以来的百余座天津建筑》（2004 年），中国建筑 100 系列丛书之《天津市第二南开中学工程设计》（2005 年）、《天津博物馆工程设计》（2005 年），《天津市建筑设计院 60 周年作品卷》《天津市建筑设计院 60 周年院志卷》，《永远的蔚蓝色——福州"宫巷海军刘"》（2014 年），《天津·滨海文化中心》（2019 年），《天津·国家海洋博物馆》（2021 年）等。如果说为天津建院及其建筑大师们著书源自我们的文化自觉，编撰图书则是重温天津的创作历程，这是编辑与建筑师代表时代的发声，是用"作品"诉说时代追求。我本人曾在《建筑传播论——我的学思片断》中谈到，"融合与创新是我对自己思考乃至写作问题变更的一种自挑战"。我坚信，图书在体现人文精神时，无论对建筑学子还是社会公众，都是最好的工具与载体。好的出版物不仅要求内容方面不断创新，还要追求思想与理念的成熟，帮助建筑师成长，达到"以文塑城—建筑出版—人文阅读"的

韩学迢   刘景樑

功效。正因如此，我们编辑部全体同人格外重视天津建院成立 70 周年院庆系列图书的策划与编撰，不仅要创作出天津建院成立 70 载的图书特色，更要使之成为行业建筑师喜爱的著作系列。为此，我们要竭尽全力去创作、去耕耘。

韩学迢（天津市建筑设计研究院有限公司顾问总建筑师）

今天特别有幸回院参加天津市建筑设计研究院 70 周年院庆活动，同时我亦特别荣幸与诸位新老同事共同回顾天津建院这 70 年来的漫长历程与壮大的岁月。在此，我想通过以下故事与思考，和诸位分享我的感悟与联想。

如今备受尊敬的"建筑师"这个职业和建筑专业的发展壮大特别来之不易。回想起 20 世纪 50 年代后期，在清华大学，建筑系和土木系曾合二为一，改称土木工程建筑系。我记得梁思成先生曾调侃，建筑系在中国还是个"小系"，但"建筑师"成为正式职业名称还是在 20 世纪 70 年代选民登记的时候，因为此前的中国还没有这个称谓。由此可见，建筑专业能逐步发展到今天的地位实属不易。现如今的青年建筑师比前辈建筑师有更多自由创作的空间与设计天地，这不禁让我回想起中国第一代建筑师对我们建筑师的深远影响，比如梁思成、刘敦桢、杨廷宝等，无论是建筑创作的水平还是学术视野的高度，他们在业界都屈指可数。

落实到具体设计案例，我想谈谈天津科学技术馆这个项目。我和团队在不懈的

努力和勇于开拓创新的精神下，为天津建院在悬索结构方面实现了零的突破。为了把设计做得更到位，我们还与兄弟设计单位切磋学习，总结了大量的先进经验，使天津科学技术馆成为天津市采用悬索结构的首个项目与前锋"旗帜"。说到设计的具体细节，在没有计算机制图的年代，我们对这个项目中那个近椭圆形的结构反复推敲，并实现了最终效果。

从历史演变的角度来看，今天的建筑师经历了从手工画图到计算机绘图的历程，我们欣慰地看到新一代建筑师利用这些新设计手段成为更好的创新性建筑师，这既要感谢时代的进步，也要感激天津建院为一代代建筑师的成长搭建的设计平台。

刘景樑（全国工程勘察设计大师 天津市建筑设计研究院有限公司名誉院长）

刚才朱总回顾了天津建院成立 70 周年以来的重要发展历程。我身边的韩总是我的良师益友，与他共事合作令我受益良多。下面我介绍一下天津建院在 70 年前的杰出开篇大作——天津第二工人文化宫（以下简称"二宫"），向天津建院建筑设计创作的先辈致敬。今年上半年，市总工会曾派出"劳模创新工作室"（主要负责对天津的劳模进行口述历史访谈工作）和《工人日报》的记者两次采访我，交流的主题是"二宫的前世今生"。

1952 年，天津建院的前身天津建筑设计公司成立以后，完成的第一项在国内极

会议现场

具影响力的高水平公共建筑就是天津第二工人文化宫。我从以下 4 个方面略作解读。第一，它是兼具"文、体、学"功能的生态园林化文化宫，占地面积 360 亩（1 亩 ≈ 666.7 平方米，下同）、湖水面积 60 亩；第二，致敬二宫的设计者——中国第二代建筑师虞福京先生；第三，介绍二宫建成后的社会体验和积极反响；第四，提出对建设绿色低碳的二宫公园的设计建议。二宫是天津这座国家历史文化名城发展历史上极具时代特色的优秀近现代建筑。作为一组蕴含红色历史文化价值的园林化建筑群体，二宫见证了天津在新中国成立初期快速成长为北方重要工业化城市的历史进程，体现了当时的艺术审美和时代风貌，反映了当时的建筑设计和建造技术水平，承载着我们几代天津人的美好记忆和城市情怀。1954 年二宫建成投入使用，成为集文化、教育、体育、休闲和娱乐等功能于一体的综合性文化公园，具有文化宫和公园的双重公益性及一站式服务的功能。

二宫大剧场是公园的一座主体建筑。观众厅观众席座位有 1 610 个，是天津解放后设计建成的第一座以戏剧、歌舞演出以及电影放映为主的综合性影剧院。建筑总体造型大气、朴实、庄重，风格古朴典雅、简洁明快，在中国传统建筑特色中，隐约透出 20 世纪 50 年代苏联的建筑风格，充分彰显了天津城市风貌中西合璧的包容性，并体现出特有的时代建筑个性。由于该工程是以"工人"命名的文化宫，所以建筑在很多细节设计上都以"工"字造型为主题。主入口左右两侧楼梯间的实墙面上，设有独具特色的纵向连续"工"字形的条形窗；主入口的大门处，也有"工"字式样的画龙点睛般的设计装饰。从空中俯视，二宫大剧场呈"工"字形平面，图书馆呈"人"字形平面，两座建筑呈现出"工"与"人"的二字组合，独特的设计创意妙不可言，让我们后人叹为观止。同时，

"工人"二字的形态在建筑的细节设计上也反复出现，其设计理念更显精妙。继二宫后，虞福京先生的建筑创作进入了高峰期。20 世纪 50 年代是他设计生涯最为辉煌的时期，其在天津的主要设计作品有：1949 年在子牙河南岸建成的面粉厂厂房，1951 年建成的纺织管理局职工医院（曾名"第一中心医院"，现名"天和医院"）、自来水公司办公楼、营口道中国银行，1952 年建成的第二工人文化宫影剧院，1953 年建成的公安局大楼、十月电影院，1954 年建成的人民体育馆。这些建筑在当时的天津乃至全国都是很有代表性的，也成为最能代表虞福京先生设计水平的佳作。作为天津这片热土培养出来的建筑师，虞福京先生的作品在形制、材料以及与周边环境相协调等方面都体现出天津地域建筑的风格，代表了天津在新中国成立初期的建筑特征和风貌。

2014 年，中国文物学会会长单霁翔牵头在故宫博物院成立了中国文物学会 20 世纪建筑遗产委员会，联合中国建筑学会携手推进保护和传承中国 20 世纪建筑遗产的工作。20 世纪建筑遗产委员会已将天津第二工人文化宫、公安局大楼、人民体育馆三大工程列入"中国 20 世纪建筑遗产名录"。在 20 世纪五六十年代，天津建院诸多前辈设计了许多知名建筑作品，如王雅元总建筑师设计的天津宾馆（1950）、天津迎宾馆（1975）、天津友谊宾馆（1975），刘润身总建筑师设计的南开大学主楼（1961），栾全训总建筑师设计的天津日报社（旧址）（1955），王绍其总建筑师设计的天津骨科医院（1965），还有董大酉总建筑师设计的天津干部俱乐部剧场（1958 年）。其中，天津友谊宾馆、南开大学主楼、天津日报社（旧址）、天津乡谊俱乐部（今天津干部俱乐部）均已被列入"中国 20 世纪建筑遗产名录"，这是天津建院的骄傲与荣光。

刘祖玲

回顾历史，不忘前辈，前辈不仅为天津建院的技术发展奠基，更为天津城市面貌勾画出浓墨重彩。今天我们缅怀先辈的功绩，不仅是向先辈致敬，更要努力继承和发扬先辈融合中西、因地制宜、物景相融的建筑设计理念。从天津建院70 年的发展历程可以看出，从 20 世纪 50 年代中西合璧的天津市人民体育馆，到形似飞碟的天津体育馆（已被列入"中国 20 世纪建筑遗产名录"），再到奥体中心晶莹剔透的"水滴"体育场；从 20 世纪 60 年代建成的大气、庄重、严谨的南开大学主楼，到 21 世纪初完工的天津市第二南开中学的全国优秀工程勘察设计"金奖"校园；从当年闻名国内的骨科专业医院——天津医院，到刚竣工的建筑面积 40.2 万平方米的综合性的天津市第一中心医院；从时代烙印浓重、蕴含多重价值、园林化的天津市第二工人文化宫，到 20 世纪 90 年代建成的具有时代标志性的天津科技馆、天津体育馆、平津战役纪念馆、周恩来邓颖超纪念馆、天津自然博物馆"五大馆"，直至 21 世纪彰显天津建院超前设计理念和先进营造技艺的，被誉为"海上殿堂"的国家海洋博物馆等，都说明天津建院 70 载的创作之路一直坚持在传承中发展，不断用设计弘扬中国传统文化，为中国建筑事业的腾飞付出不懈的努力。

刘祖玲（天津市建筑设计研究院有限公司顾问总建筑师）

我是 1973 年来到天津建院的，一直从事建筑设计和技术管理工作，至今已有49 年。今天，我带来 4 份弥足珍贵的技术成果资料，每份资料都跨越了一个年代，每份成果的背后都记录着天津建院发展的一个转折点，这 4 份资料共同贯穿起天津建院几十年来技术管理的发展历程。

第一份资料是 1988 年发布的《建筑专业统一技术措施》（民用建筑部分）。这个时期正值我国改革开放初期，国家先后出台了一批民用建筑设计规范。天津建院紧随国家建设步伐，据此指导设计人员正确理解规范、执行规范，提高设计质量。这也是我在天津建院接触到的第一份技术管理文件。

进入 20 世纪 90 年代，建筑设计行业开始采用 CAD 软件进行绘图。天津建院于 1995 年彻底甩掉图板，从手绘图过渡到全过程计算机出图。如何把控好设计质量是当时设计工作的重中之重，建立一套完整的、具有普适性的、行之有效的统一技术标准尤为重要。当时，设计三所主动承担了这个任务。我是时任所长，参与了全过程技术要求的编制工作，后经总工办审核，面向全院发布了包含建筑、结构、给排水、暖通、电气全专业的《统一技术措施》，为计算机设计、制图打下了坚实基础。

2000 年以后，天津建院在设计领域取得了全面、显著的发展，承接了许多设计难度大、技术含量高的大型设计项目，同时更多的年轻设计师走上设计岗位。为了应对这种变化，我们集天津建院技术力量，邀请刘景樑大师作为主审，各专业分别编制了施工图设计深度图样，即 2011 年发布的《TADI 施工图设计深度示范图样》系列图则。系列图则近 500 页，不仅包含所有设计案例的全专业、全系统、全方位的设计表达，同时还附有技术要点评述。时至今日，刚进入天津建院的年轻设计师仍然将其作为设计的示范文本。

2016 年，天津建院进行了体制改革，在众多改革举措中，其中有关技术管理的改革包括两方面：一是将总承包项目纳入技术管控范畴，二是明确设计总监

顾放

张津奕

和技术总监作为项目责任人的管理机制。针对总承包项目，2018 年天津建院启动了质量、安全和环境三体系认证；同时颁布了《工程项目管理手册》，明确以设计总监为主要管理责任人，对项目的设计前期、设计过程、后期服务及文件归档等流程的关键环节进行全过程质量管控。

一路走来，这 4 份技术成果资料的演变，伴随并见证了天津建院的发展历程，同时也印证了技术管理工作始终都应以天津建院发展需求为依托。今天，我们站在天津建院成立 70 周年的历史节点，总结过去，畅想未来，希望天津建院的技术管理建设与系统发展协调推进，为天津建院未来百年华诞做出新的更大贡献。

顾放（天津市建筑设计研究院有限公司顾问总建筑师）

我是"老三届"（指 1966 届、1967 届、1968 届三届初、高中学生，编者注），从 18 岁到 24 岁的时候还在农村种地。如今能为天津建院工作，我感到欣慰又荣幸。我于 1977 年来到天津建院，在此工作已经 45 年了。最初，我在刘景樑大师带领下做设计，当时主要负责抗震救灾的住宅项目。20 世纪 80 年代中期，我国积极拓展外交空间，在刘大师的主持和带领下，我们设计完成了中国驻瑞典大使馆。80 年代末 90 年代初，天津建院开始在全国各地设立分院，我们更多地参与到侨商投资的建筑项目中，其间我还为 3 个分院的建立做出了微薄贡献。90 年代中期，我作为设计组长率先对分配体制进行创新。进入到 21 世纪后，我转到二线工作，主要进行无障碍设计与节能设计方面的建筑技术研究。

令我印象特别深刻的是，我认真学习的第一本无障碍设计规范读本是由北京建院周文麟、金磊等起草的《城市道路和建筑物无障碍设计规范》（2001 年版）。我曾分别在 2009 年和 2015 年被 5 个部委聘任为无障碍建设委员会专家组成员，同时参编了《天津市无障碍设计标准》。在天津建院作为主编单位以后，我作为主持人组织同人为天津市编制了《天津市公共建筑节能设计标准》和《天津市居住建筑节能设计标准》，同时代表天津建院参加了《公共建筑节能设计标准》和《严寒和寒冷地区居住建筑节能设计标准》的编制工作。2018 年完成的《严寒和寒冷地区居住建筑节能设计标准》和 2015 年完成的《公共建筑节能设计标准》分别获得了科技部颁布的标准科技创新奖和华夏建设科学技术奖。后来，天津建院作为华北地区唯一的编制单位又参与编制《建筑节能与可再生能源利用通用规范》，从而使天津建院在节能技术方面处于天津市主导地位，也成为华北地区国家节能标准的编制单位。

张津奕（天津市建筑设计研究院有限公司总建筑师 绿色建筑设计研究院院长）

我从 20 多岁进入天津建院，至今工作已有几十年，我很感恩一路走来得到天津建院历届领导和前辈的支持和帮助。在他们的帮助和引领下，天津建院绿色建筑、BIM 技术及智能化建筑等技术创新板块走在全国行业前列，成为天津建院近年来特别值得骄傲的领域，像伍小亭总、刘建华总、王东林总等都对天津建院的技术创新和绿色建筑技术发展起到了极大的推动和引领作用。2008 年，我作为项目主持人为天津建院率先尝试设计了第一栋绿色建筑，当时也是天津市第一栋绿色建筑，是全国第 11 栋取得设计运行"双标识"的绿

张铮

色建筑。此后，我们又完成了北方地区首栋零能耗建筑——中新生态城公屋展示中心。其由屠雪临总设计创作，我们匹配了绿色建筑技术，最终该项目获得了国家绿色建筑设计运行"双标识"三星级认证和很多国内国际奖项。此后，天津建院新建综合楼项目也荣获 2020 年全国绿色建筑创新奖一等奖、第七届 Construction21——健康建筑解决方案国际最佳奖。

我想说，所有的建筑技术都需要一个载体，而这个载体就是我们每一位建筑师创作的建筑，我们的技术是给建筑插上科技的翅膀。如果没有建筑作为载体，建筑技术实际上也就虚无缥缈了。我在担任科技质量部部长、副院长时都主抓科技工作，我们制定了完善的方案评审论证制度，对所有项目在方案前期阶段都进行可持续方面的咨询，从建筑方案的源头抓起，与建筑师共同把建筑的可持续技术融入建筑方案创作中。正因如此，我们也收获了很多项目，甚至有些项目是因绿色建筑的可持续技术得到甲方认可而一举中标的。最近，我们响应国家号召，踏入"双碳"（碳达峰与碳中和）领域并编制了全国第一本《碳中和建筑评定标准》，这是全国第一本建筑碳评价领域的地方标准。也正因如此，我们在中国建筑标准化协会成功获批与中国建筑科学研究院合作主编《建筑碳中和评定标准》、与清华大学合作主编《园区碳中和评定标准》、与同济大学合作主编《校园碳中和评定标准》。最后，我希望天津建院一直都走在创新的路上，同时也再次感谢天津建院为创新发展提供的创新沃土与创新动力，我也期望未来继续与建筑师一道共同推进我们的新理念、新技术，在天津建院"守正筑新"的思想引领下不断学习、更新设计理念，继续为天津建院的发展做出更大贡献。

张铮（天津市建筑设计研究院有限公司总建筑师）

我是 1985 年来到天津建院工作的，陪伴天津建院度过了 37 年。我主要与大家回顾自己参与海河沿线工程项目建设的情况。我于 1989 年在韩学迢总的指导下做天津东站项目，我和当时的装修组主要负责东站售票厅的装修设计。令我印象最深的是，韩总当时不仅为我们的项目把关，还要照顾我们这些年轻人的工作生活。在 20 世纪 90 年代，我参与设计了三条石历史博物馆。从 2000 年至 2006 年，我主持设计了天津意式风情区，这是天津建院承接的第一个完整的风貌保护区详细规划设计项目，该项目荣获了全国优秀城乡规划设计二等奖。之后，我又完成了天津规划展览馆等项目。天津海河景观提升改造项目中涉及的海河沿线长约 5 千米，天津建院负责从"天津之眼"摩天轮到保定桥的区段。项目由时任副院长王绍妍组织，我和刘用广部长主抓，因为要向上级单位进行多轮次汇报并及时调整设计方案，所以我们时常处于两三天完成一个设计方案的高强度设计状态中。最紧张的时候，我们把办公地点直接改在了渲染图公司。随着综合整治日渐成效，天津海河两岸的城市景观有了显著提升，海河成为天津市一张亮丽的名片。

后来，有关方面把我借调到天津国家会展中心参与设计工作。该项目规模有 125 万平方米，当时我主要抓一期项目管理，中标单位是德国 GMP 建筑事务所和中国建筑科学研究院联合体。这次当甲方的经历让我对建筑项目有了更深的体会，使我看问题的视角发生了很大变化，深刻理解了对建筑项目的关注重心不能仅仅停留在设计上，还要考虑项目进度、资金投入、政策措施和运营管理等各个方面。现在，该项目一期

刘用广　　　　　　孙勇

已经竣工并投入使用，二期正在建设之中。作为建筑师，我还是十分热爱设计的，回想自己的从业经历，我感谢今天在座的韩总、刘大师、刘祖玲院长等对我的指导和帮助，更感谢天津建院为我的成长所提供的沃土及创作平台。

刘用广（天津市建筑设计研究院有限公司副总建筑师、科技质量部部长）

我是 1989 年进入天津建院的，被分配到总工办工作，一年后去了设计四所，后来陆续在设计九所、建源图审公司、天泰分院、质量管理部、设计一院工作，最后又回到科技质量部任职，其间也多次到分院工作。我作为从事建筑设计和管理的天津建院代表，能参加今天的座谈会感到很幸运。

首先我要讲的就是感谢。进入天津建院 30 多年来，正赶上天津建院建筑创作繁荣的好时期。在前辈建筑师的帮助下，我得以快速成长，在此感谢天津建院的老专家、老领导和曾经帮助过我的所有人。

接下来谈一点感受。2008 年我被抽调到位于水上公园西路的天津市城市综合整治提升指挥部，我和孙晓强、高鹏 3 人在时任副院长王绍妍、总建筑师张铮的带领下，参与了海河两岸北洋桥至海津大桥段的整治提升工作。海河是天津的母亲河，是天津城市发展的主轴线，海河两岸的开发建设、改造提升、活力再现是一个永恒的话题。在海河两岸整治提升过程中，秉承"尊重与再生"的设计理念，我们将海河所蕴藏的魅力与精神赋予到项目设计中。遵循大到一座城、小到一个建筑单体都有其发展共性和独特个性的理念，我们结合整治河段固有的环境条件，挖掘其所承载的文化内涵，注重与环境对话、与文化对话、

与人对话，并在与时俱进、不断更迭中包容更加复合的功能，以适应更加复杂的环境，做到既尊重其本质规律和原则，又要从城市空间、建筑个体的特有功能、特定环境、特殊情愫中寻找灵感，因地制宜地创新，营造自然生长、多元有机的城市空间和建筑，从而源源不断地激发海河两岸重现活力。回想当时做设计时，为了及时向上级汇报设计方案并不断修改方案，两天两夜不睡觉是常有的事，虽然很辛苦，但收获的是从整体上对项目把控的能力。能为改变海河两岸城市面貌做出贡献，我备感自豪。

孙勇（天津市建筑设计研究院有限公司设计五院院长）

我于 1996 年进入天津建院，至今已经 26 年了，非常感谢天津建院对我的培养。适逢天津建院成立 70 周年之际，我很高兴有这个机会与大家交流，感到特别亲切，同时也备受鼓舞。我想就与体育相关的项目与大家谈谈我的想法与理解。去年，我们刚刚经历了夏冬两届奥运会，我国取得了好成绩，在冬奥会上实现了历史性的突破。现在的体育比赛不仅是视觉盛宴，它本身更具对抗性、竞技性、观赏性，同时也是国家综合实力的体现。国家体育总局印发了《"十四五"体育发展规划》，积极推动"五个一工程"建设，即建设一个体育场、一个体育馆、一个游泳馆、一个全民健身中心、一个体育公园，并且带动 3 亿人参与冰雪运动，旨在推动全民健身高质量发展。

天津这座城市与体育的渊源很深。如天津女排的主场——人民体育馆，第 43 届世乒赛中国队福地——飞碟状的天津体育馆，2017 年为第十三届全运会的举办而建设的系列体育建筑等，这些都是天津建院为天津市的体育发展做出的

高原

重大贡献。天津出台并发布了《天津市体育发展"十四五"规划》，推进排球之城、运动之都的建设，形成建设体育强市的新局面。

近年来，体育产业逐步进入发展的黄金期，同时也面临由高速发展向高质量发展的转型。体育场馆被赋予了更多的功能，由竞技比赛场地转向健身休闲、展览表演、场馆服务、体育培训等服务业态，甚至拓展出在防控新冠肺炎疫情时转换成平役结合的方舱等功能。如何创新体育运营模式，延伸体育产业链条，是新形势下体育产业增量改革和创新发展面临的重大考验。

我在天津建院这几年也做了一些体育建筑，包括已建成的无锡体育馆、为第十三届全运会新建场馆之一的天津财经大学体育馆，正在建设中的河北工业大学体育馆，还有一些全民健身中心项目。我有几点体会与大家分享。

（1）建筑的外化表象蕴含着地域文化。体育建筑首先给人留下的印象就是外化表象，其体量巨大，有一定的符号性。如济南奥林匹克体育中心的东荷西柳、广州体育馆的白云山树叶等，都具有一定的形象性。

（2）设备的技术要求体现着时代特点。不同的体育运动需要特定的功能使用场景，需要既定的技术支撑。如赛时计时计分系统对精确性要求高，有些设备是固定的，有些是比赛临时租用的，这些都需要我们重新思考除了建筑设计本身，还有哪些因素会影响体育建筑的赛时使用功能和效率。

（3）后期的运营模式延续着建筑生命。贯穿于整个体育建筑生命周期的非赛时段的多功能综合性运营阶段是体育建筑最核心的"生命阶段"，这就要求我们调整体育建筑的设计思路，平时重在全民健身，赛时满足比赛要求，实现平赛结合；从后端的运维反推前端的策划，从后端来真正定义建筑的使用功能，进而实现"体育+"产业模式的发展。

高原（天津市建筑设计研究院有限公司副总建筑师、设计三院副院长）

我是 1996 年进入天津建院的，职业生涯之中有几件事情令我印象特别深刻。

第一件，刚进入天津建院后，正在工地实习的我被抽调回院参加投标项目。在院总建筑师和几位技术骨干的悉心指导和亲力亲为的带领下，短短 1 个月的时间我实现了从校园到职场快速的角色转换。从专业设计到做人做事，虽然一晃近 30 年过去了，往事仍历历在目，使我获益良多，感谢前辈的传道、授业、解惑。

第二件，在入院一年转正期满后，我被选派到浙江分院工作，我也衷心感谢天津建院给了我 4 年宝贵的锻炼机会。我当时的日常工作除了本职的方案策划、施工设计和现场服务外，还要应对包括报税、年审、打图、晒图、记账等各项繁杂工作，这段经历犹如催化剂般帮助我在各方面迅速成长，尤其是全过程见证了温州建行大厦的设计和建成，包括将最初的玻璃幕墙方案变更为石材幕墙的具体实施。当大厦竣工时，我手扶避雷针站在大厦最高处俯瞰整个城市，再一次为自己所选择的职业感到无上光荣。

李国勤　　　　　左剑冰

第三件，2005 年，我有幸在刘景樑大师的带领下主持天津建院 A 座科研办公楼的改扩建项目的设计工作。从首层大厅空间尺度到点式玻璃导风塔楼的高度，从刚性的巨型屋顶格栅框架到柔美的弧面呼吸式双层玻璃幕墙的结合，从各类灯具的点位确认到地板的规格选择，在大师与各位老总的指导下，我在多方案对比中不厌其烦、乐此不疲，再次体会到参与精品设计时酣畅淋漓的感觉。

第四件，2020 年至 2021 年，为迎接建党百年，我们积极投身以提升中心城区风貌品质为目标的"品质嘉兴"大会战工程中。江南的早春三月，战"疫"硝烟未散。初到嘉兴，面对多项艰巨的规划和建筑设计任务，我备感使命光荣、责任重大，马不停蹄地投入实地踏勘调研、资料收集整理、现状问题梳理和分析、控制原则和整治措施制定等辛苦、庞杂的各项工作当中。历经 15 个月紧张而充实的驻场工作，最终我们以精良的设计和优质的服务，使千年古城焕发出新的生命力，并为建党百年奉上天津建院的贺礼。

李国勤（天津市建筑设计研究院有限公司院级方案创作中心主任）

刚才看到天津建院这么多作品，还听取了各位前辈的回顾，对我来说这是一个学习的过程。来到天津建院是我的幸运，在这里，我想谈一谈自己在天津建院的成长。第一个幸运是自 2006 年毕业以后，我一直在天津建院工作，最初是跟着朱总在设计二所工作，2016 年院内改制后成立了院级方案创作中心，我在这里工作至今。第二个幸运是在朱总的带领下做了不少好项目，他对工作严谨认真的态度对我影响颇深。我们先后完成了天津数字电视大厦综合服务中心、

葛沽镇文体中心、天津市政协俱乐部北京影院落地大修工程、国家会展中心（天津）等项目。这些项目让我身体力行地实践了从方案策划到施工图设计的全过程，也为我们之后专门做方案打下了坚实的基础。第三个幸运是天津建院的前辈大师对我们的谆谆教诲。我还清晰地记得刘大师在方案评审中，向我们提出了诸多宝贵的建设性意见，这对我日后自主处理方案产生了极大作用，我觉得这种传承是非常重要的。2016 年方案创作中心成立，我们面临如何积极应对市场下行的形势。在朱总的带领下，我们完成了甘南藏族自治州博物馆、天津市第二殡仪馆迁址新建工程、北京师范大学静海附属学校建设工程、天津市公安警卫局训练基地、天津公安监管中心等项目。 2021 年我们中标了中共眉山市委党校项目，今年又参加了其他几项投标工作。

目前我们做的项目种类繁多，在市场竞争愈益激烈的情况下，投标入围需要一定的业绩积累。实践证明，在同一类型项目上进行反复创作和推敲，才可以积累丰富的经验，提高竞争力，学会集中优势兵力，充分发挥自身的专长与专项设计能力，这对日后继续走专业化的建筑创作道路是行之有效的。

左剑冰（天津市建筑设计研究院有限公司院级方案创作中心副主任）

我于 2013 年进入天津建院工作，听了各位前辈的分享，受益匪浅，也引发了一些回忆。2016 年，我有幸代表天津建院参加了在日本大阪市举办的中日韩青年建筑师工作营，3 国共选派 30 名青年建筑师齐聚大阪，进行了一场为期 3 天的快速设计竞赛。高强度的工作碰撞出许多火花和故事，我主要有以下两点体会。

吕衍航

第一是这段奇妙、难忘的创作经历本身。30 名青年建筑师被分为 6 组，每组 5 人，我们组的成员来自中韩两国，涵盖了规划、建筑、景观 3 个专业，大家文化背景不同，年龄层不同，又作为异国人在异地用非母语进行跨专业的配合交流。3 天里我们同吃同住同工作，从现场勘察、头脑风暴、设计方案再到最终的成果汇报，巨大差异下的思想碰撞不仅没有预想中的步履维艰，反而如同核聚变一样对设计创意产生了强烈的激发和推动作用，这是在传统设计氛围中从未感受过的设计体验。结合此次经历，我有一个想法供大家参考。在条件允许的情况下，遴选一些小而精的项目，在设计前期组建一个建筑、规划、景观、绿建等多专业设计师组成的团队，通过相互配合，将以往前后依次衔接的多专业配合进行重组、前置，强化在设计成形阶段发挥多专业配合、互相引领的作用，或许能促使我院诸多优势领域强强联合，集中优势兵力单点突破，产生点线联动的效应。

第二是我们从在中日韩工作营中遇到的一些小争议而引发的思考。工作营第二天，在进行设计界面划分和具体工作安排时，团队内部产生了分歧，我和一位 40 多岁的韩国设计师进行了直接有效的沟通，最终达成共识并推动设计工作得以顺利进行。事后，同辈的韩国组员对我敢于同前辈据理力争而深感震惊并羡慕不已。在他们那里，前辈拥有绝对话语权，身为晚辈只能无条件服从，这对我触动很大。回忆入院 9 年间，刘大师、朱总以及各位专家在许多项目中都对我进行过指导和帮助，开放、平等、和谐的创作经历至今让我受益匪浅。对比之下，感恩天津建院以及各位前辈们为我们青年建筑师提供的公平、包容的创作环境，这对于我们年轻人的成长是难得的宝贵资源和财富。

吕衍航（天津市建筑设计研究院有限公司院级方案创作中心主任建筑师、建筑学博士）

我感觉自己挺幸运的，2012 年博士毕业后进入天津建院。当时正值天津建院成立 60 周年院庆，我有幸参加了院庆组织接待工作。入职 10 年后，我又迎来了天津建院 70 周年院庆。今天在座谈会上听到各位前辈的追忆畅谈，我感触颇深，也备受鼓舞。我对天津建院的了解和认知是循序渐进的，特别是在 2019 年参加了天津市规划和自然资源局组织的关于历史风貌建筑的普查工作，更加深了对天津建院历史和老一辈建筑师的了解。这项工作主要是对新中国成立后 1949 年至 2000 年间建设的优秀建筑进行综合认定，并录入天津市建筑文物备选库。我有机会到天津城建档案馆和天津建院图档室查阅那些老图纸或扫描的电子图档，当我看到档案图纸目录中成百上千的建筑项目、一张张细致入微的手绘工程图纸时，内心感触颇深，眼前浮现出当初老一辈天津建院人兢兢业业、伏案创作、笔耕不辍的场景。天津市这么多优秀建筑都是出自前辈大师们一笔一笔的创作，我作为新一代天津建院人、建筑师，那种自豪感、使命感和责任感油然而生。

谈起建筑师的责任，另一个项目让我有了更深的理解。2015 年，我参与了鞍山道历史街区的城市设计，这是天津城市更新设计的重要试点项目，是对城市中心区历史街区的文化保护、社区发展，打造健康街区、绿色街区的一次突破和尝试。当时天津对历史街区的发展和保护缺乏系统化的认知和设计策略，刘大师、朱总与我们共同探讨许多新理念和新想法，在对旧有建筑利用的模式、对新旧建筑融合的方法，从政策制定以及产业发展上如何激发旧建筑、旧街区

李欣

的活力，如何让居民生活质量得到提高等方面都做了积极的尝试。该项目获得了天津市城市规划协会专家和社会大众、街区居民的一致认可和肯定。在设计过程中，我常会想起朱总曾经说的一句话，"每一个项目都是给建筑师的一次创新的机会"。在有限的条件下不断突破自己，把建筑师的责任变成设计的动力，正是天津建院人责任精神的一种体现。

李欣（天津市建筑设计研究院有限公司城市更新设计研究院院长）

天津市建筑设计研究院有限公司创立于 1952 年，历经七十年历史沧桑，为天津市的发展做出了不可磨灭的贡献。党的十九届五中全会对实施城市更新行动做出决策部署，天津的城市建设正式进入了全新的发展阶段。

我国大力度、全方位实施城市更新行动，是城镇化进程中的必然选择，是双循环格局下的必然举措，是美好生活目标下的必然行动，也是城市高质量发展的必然路径。随着城市日新月异的发展，城市有机体也在岁月流逝下不断陈旧、老化，出现功能退化。如何通过城市体检找出城市"病因"，在"把脉精准"下开出"好药方"，实现城市"双修"和活力再现？

天津市第十二次党代会报告强调：建设社会主义现代化大都市，是要建设高质量发展、高水平改革开放、高效能治理和高品质生活的大都市。"城市更新行动是现代化大都市建设的重要引擎，要着力改善和保障民生，不断满足人民群众日益增长的美好生活需要，加快建设宜居、韧性、创新、智慧、绿色、人文城市。"

天津建院作为城市建设的重要参与者，应该在城市更新行动中发挥技术和人才优势，推动完善城市生活、产业、生态、人文、安全等功能，为城市更新赋能。

2021 年，由天津建院城市更新设计研究院（简称"城更院"）策划、设计的"金钟河大街南侧城市更新项目"成功通过审批，成为天津市第一个城市更新项目。天津建院成为我市第一个能够独立完成包括立项可研、产业策划、城市体检、城市设计、建筑设计、经济测算及工程总承包在内的全流程、全专业的城市更新项目策划机构。该项目的获批通过意味着在城市更新领域，天津建院走在了全市甚至全国设计机构的前列。

以金钟项目为起点，天津建院城更院逐步打开城市更新领域市场，建立了由策划体系、评估体系、设计体系、实施体系四大部分组成的完整的城市更新专业服务体系，也成为天津市唯一一个具备城市更新完整服务体系的设计单位；先后完成南门外大街商圈北侧城市更新项目、天津设计之都核心区柳林街区等项目的申报工作；逐步形成新的设计咨询板块，形成了一套完整可复制的工作模式，为天津建院在城市更新领域尽快形成"天津建院模式"、树立"天津建院品牌"、构建有序的内部合作机制和外部合作平台起到了至关重要的作用。

城市更新项目工作的繁重与复杂要求设计者始终保有充分的耐心与责任心，秉承对设计负责、对民众负责、对城市负责的理念与态度，将以人为本为原则、立足现状为前提、展望未来为目标，将理念融入设计，把设计付诸实际，交予民众与城市一份满意的答卷。

付建峰

城市更新是开创性的工作，而开创性的工作也是天津建院这样的高新技术企业的使命，是天津建院继续引领天津设计行业发展的机遇。城市更新院将助力天津建院走开拓发展型道路，不断实现该领域的各项突破。

付建峰（天津市建筑设计研究院有限公司设计四院副院长）

我从 2007 年参加工作至今，在天津建院度过了 15 年。其间我做过许多类型的工作，如产业策划、方案创作、施工图设计、驻施工现场及后期服务，也去规划管理部门挂过职。这种"杂糅"的经历塑造了我们这一代青年建筑师全面、综合的特点。

记得刚进入天津建院时我参与了津湾广场项目。当时我在天津建院下属的天津市天泰建筑设计有限公司工作，承担的设计任务是设计解放桥头的百福大楼，也就是现在的青年餐厅单体建筑。当时结合现状历史风貌建筑，我们决定围合形成一组小院落。为了原汁原味地延续天津传统中西合璧的建筑风格，我们团队顶着烈日对解放北路上的历史风貌建筑进行测量梳理，研究建筑的尺度、装饰细节的比例等，并在此基础上进行设计创新。那时我就深深体会到天津建院对于建筑设计的严谨细心和精益求精。"守正筑新"不仅是我们对天津城市文化和风貌传承的态度，也是我们对建筑创作的态度。

之后，我曾在天津市规划和自然资源局建管处和雄安新区规划建设局挂职借调。在规划管理部门的经历，让我切身体会到刚才韩总所讲的，作为建筑师要了解来自社会各方面的对于建筑创作的影响因素，包括政府政策把控、投资资本控制、运营使用需求等方面都会影响我们的建筑创作。所以那几年的工作经历让我深深感触到，一名成熟且全面的建筑师要了解自然科学、社会科学、人文科学等多方面知识；要学会创作，深谙建筑美学；还要懂得如何与人交往，如何在技术和各种复杂影响因素中学会取舍。非常感谢天津建院为我们青年建筑师搭建的平台，我相信在天津建院这个平台成长出来的建筑师，会迅速成长为成熟、有担当精神的建筑师。

现在我所在的医疗分院是天津建院集中各分院的相关技术骨干组建的一个近百人规模的特色专项分院。目前我们这个团队已完成了 105 个医疗项目的设计任务，总设计规模 850 万 m^2，床位数 5 万个。我们在这个领域深耕了 20 年，业绩突出，获奖众多，体会也颇深。医院建筑比其他建筑更复杂，因为涉及专业更多、使用人群更复杂、功能流程更专业……这更考验建筑师对于满足不同使用人群的行为需求，对建筑技术与医疗诊疗技术之间的融合、配合的驾驭能力，要求建筑师进一步协调好这些需求与建筑空间的关系。

基于天津建院深厚的技术积淀，我们创新地提出了医疗建筑"同步一体化"设计模式，把土建、机电、装修、景观、防护、净化、物流、医疗气体等 20 多个专业在项目前期时就"合并"到一起进行分析和设计，保证方案的全面、完整。我们还及时关注社会发展、经济进步对医患关系、管理人员的行为模式及诊疗方式的影响，一直在结合这些变化更新调整医疗建筑空间的设计策略和原则，真正做到"守正筑新"。

2019 年新冠肺炎疫情暴发以来，我们医疗分院共完成发热门诊、方舱医院、健康驿站、防疫物资生产等各类涉疫项目 70 余个，编制了《应急发热门诊设

卢琬玫　　　　陈克强

计示例》《应急发热及肠道门诊建筑设计标准》《天津市方舱医院设计导则》和《天津市健康驿站设计导则》，并免费公开分享。在"抗疫"路上，我们一直秉承天津建院人"守正筑新"的精神、体现国有大院的社会担当，并在今后继续传承精神、再续辉煌。

卢琬玫（天津市建筑设计研究院有限公司绿色建筑设计研究院副院长、BIM 设计中心主任）

我主要介绍一下关于数字设计方面的内容。2004 年，我进入天津建院，工作经历与天津建院在数字设计发展上的转型历程同步。天津建院已经开始使用天正软件画图，大大提升了设计效率。我本人对研究设计软件特别感兴趣，比如当时还不普及的布局空间和外部参照的方法就是我最先尝试的。天津建院早在2009 年就开始探索 BIM（Building Information Modeling，建筑信息模型）技术，在经过调研后，我们确定了以 Revit 体系作为实现 BIM 理念的工具，并开始在全院推动初级培训，此后又组织了为期 3 周的高级培训。那时我们就真正用项目进行实操，把不同专业的设计师聚集在一起，在同一文件上进行虚拟搭建与协同，共同完成设计成果。BIM 是对建筑设计的整体流程、设计方式与协同合作方式的变革。此后，天津建院就成立了 BIM 专项小组，针对实际项目进行 BIM 应用，通过不断积累经验来培养人才，最终在 2014 年成立了天津建院第一个 BIM 设计中心。目前天津建院已经拥有了 4 支涵盖设计、施工、算量和监理领域的 BIM 队伍，我们培养出来的 BIM 团队已经与天津建院主营业务相结合，积极推广 BIM 应用，在技术方面取得了长足的进步。

无论是在设计中的全面应用，还是具体的科研工作，BIM 技术都成为天津建院一张亮丽的名片。在 2022 年天津市 BIM 技能大赛中，天津建院建筑师积极参加并斩获了众多荣誉，充分证明了天津建院在整个天津市 BIM 领域强大的引领作用。特别是在工程领域，在国内一流的 BIM 赛事中斩获了创新杯、龙图杯等，同时在国际赛事上也发出了中国声音。我们不仅在 2018 年 WBIM 全球数字化大赛中斩获 4 项大奖，还问鼎了设计组的卓越大奖，同时获得了美国 AEC 全球 BIM 大赛的奖项，成为连续 4 年获得此类奖项的设计团队。在科研领域，天津建院也荣获了 2015 年天津市科技进步二等奖、2019 年天津市科技进步三等奖。

在编制标准方面，天津建院也一直处于天津市的领先地位。2016 年我们编制了《天津市民用建筑信息模型（BIM）设计技术导则》，2019 年完成了天津市地方标准《天津市民用建筑信息模型（BIM）设计应用标准》，今年我们又开始主编《天津市民用建筑信息模型（BIM）设计交付标准》。在知识产权方面，我们完成了软件著作权 3 项，发明专利 3 项。今年，我们又成功申请了一项国际专利，成功开创了天津建院国际专利"零"的突破。我们先后出版了《BIM 技术应用指南》和《基于 Revit 的 BIM 设计实务及管理》等书籍，部分图书还入选了中国建筑工业出版社的年度优秀图书。

陈克强（天津市建筑设计研究院有限公司项目策划中心副主任）

我是 2015 年进入天津建院这个大家庭的，已在这里工作了 7 年时间。就"守正筑新"这个主题，我也说说自己在工作中思考的 3 个意识。

刘玮

仲丹丹

邹镔

韩振平

首先是反思意识。作为建筑师，我们无时无刻不在追求创新，这也是建筑设计的魅力所在。但什么才是真正的创新？建筑的本质到底是什么？通过反思自己工作这段时间的一些设计，我慢慢地领悟到，有时候表面的创新仅仅停留在对形式的追求、对造型的跟风，抑或对西方所谓先锋建筑师的借鉴。年轻人容易跟风，容易受外在因素影响，在还没有形成自己独立判断的能力时就开始了所谓的创新。作为青年建筑师，在实际工作中，"守正筑新"最重要的是找到那个"正"，并在不断实践中找到自己真正坚持的东西。在守正的前提下，才能合理且有效地进行创新，而不是一味地进行形式或者概念上的创新。

其次是策划意识。建筑设计与建造不是简单的设计师在纸上描绘图景，而是耗费大量社会资源的复杂经济行为，要通过策划先行明确项目的定位与功能，帮助甲方和业主将他们的愿景比较具象化地加以提炼。实际上，在策划阶段，建筑师可以不断转换自己在不同领域的角色，学会平衡甲方、政府、施工单位和设计单位，并寻找一个共赢的切入点，才能更好地推进项目。

最后是科学意识。建筑实际上是软科学，无论是对于建筑的形态，还是具体布局，貌似每个人都能提出自己的观点。但建筑设计的过程会遇到很多分歧，需要做出判断，在进行判断时还是应该采用科学的态度，比如充分的现场调研、科学的数据支撑、理性的环境分析等。

刘玮（天津市建筑设计研究院有限公司设计一院方案创作所副所长）

我是 2012 年末进入天津建院设计二所的，当时跟着朱总做方案创作，其中给

我留下深刻印象的是济南海那城百联奥特莱斯项目。该项目的甲方是温州的一位私企老总，他特别看重设计成本，对项目要求极其严格。除了做设计，我也以建筑设计师的身份同时参与了这个项目的运营、策划、景观设计、装修、标识等过程。这个项目建成后获得了"2016 年最值得期待的奥特莱斯"奖。因为深入跟踪了这个项目，所以它也深深影响了我对建筑师这个职业的理解。在工作中，我给自己提出了两个要求：一是前面的"前"，很多事情要想到并做在甲方之前，对产业链前端的信息保持不间断的学习，并且运用到项目里；二是全面的"全"，是全方位、全产业链学习的概念，是为业主、建设方提供全过程的咨询、方案服务。在这里，我感恩天津建院以及带领和指导我们的领导和前辈，正是他们给予的机会与支持，让我们能够坦然面对现在愈加激烈、多元的市场竞争。

仲丹丹（天津市建筑设计研究院有限公司博士后工作站主任建筑师）

听到前辈和同辈建筑师的"故事"，我受益匪浅。我是 2017 年来到天津建院的，这次有幸参与建院 70 周年作品集的编撰工作。在这个过程中，我发现有那么多身边的建筑都出自天津建院建筑师之手。比如天津友谊宾馆——我曾经每天都要路过这栋建筑，因为太习以为常，我从没有凝视过它。如今，高端酒店随处可见，这座外形简洁规整的酒店建筑，它的形态、功能、设施已经不再那么显眼，可如果把它放到纵横交织的历史时空中，以新的坐标去重新审视，就可以理解它为什么能够在 20 世纪 70 年代引领了一段被兄弟单位竞相模仿的设计风潮，并将现代主义建筑思潮在中国的重启向前推进了 3 年（天津友谊宾馆建于 1975 年，而我们通常将现代主义建筑思潮在中国的重启定位于 1978 年），

与会嘉宾合影

进而对它的设计产生了由衷的赞叹。我本科和硕士研究生阶段的专业是建筑学，博士阶段学的是建筑历史与理论。我认为，作为年轻建筑师，从建筑史观的角度去理解优秀的作品、去真正了解天津建院建筑创作的历程，可以从中找到自强与从容的起点。

邹镔（天津市建筑设计研究院有限公司项目策划中心主任）

就未来建筑师角色转变这一点，我想结合自身经验来谈谈自己的想法。目前建筑师正在从原来的专业技术人员或者有比较好的沟通协调能力的人员慢慢向"社会杂家"转变。我们目前经手的成功项目，特别是改造项目（项目前期有复杂的产权问题，后期有产业导入和账目问题），需要建筑师在前期有一定的经验积累，尤其要求建筑师有政策把握能力，需要建筑师有更为开阔的知识面，有更好的阅读政策、理解政策、落地协调的能力，因此今后对建筑师的要求会更高。我的另一个感触是，随着既有改造项目越来越多，业内提出了"陪伴式设计"的概念，即结合新时代的项目要求，建筑师应更主动地服务业主和项目。业主需要在建筑师的帮助和策划下使项目具体落地，而在策划落地过程中，建筑师的主动沟通对于项目的最终实现会起到积极作用。

韩振平（天津大学出版社原副社长）

今天非常荣幸能参加天津建院成立 70 周年的座谈会。通过今天的座谈，我深刻地了解到天津建院为天津市 70 年的城市建设做出的巨大贡献，这里向各位前辈建筑师致敬。我和金磊主编及团队共事 20 余年，其间为天津建院做了不少工作，特别是出版了一些有价值的建筑图书。听到今天诸位建筑师的精彩发言，我们深感还有很多项目没有深入挖掘和梳理。我期待与金主编的团队一起将天津建院的成果充分展示出来，并期望能为促进天津建院的发展做出天津大学出版人的贡献。

《中国建筑文化遗产》《建筑评论》编辑部整理

附录 | APPENDIX

附录1：1952—2011 年天津市建筑设计研究院有限公司经典项目回顾

1952—1961 年
经典作品

天津市第二工人文化宫（著名建筑师虞福京设计）

天津市人民体育馆

天津市公安局办公楼

天津宾馆

中央档案馆

八一礼堂

天津日报社

天津十月影院

**1962—1971 年
经典作品**

天津骨科医院（天津第一座高层医院建筑）

天津历史博物馆

天津中心广场观礼台

天津干部俱乐部剧场（著名建筑师董大酉设计）

南开大学主楼

天津手表厂

天津市革命烈士陵园纪念碑

**1972—1981 年
经典作品**

天津机场候机楼（华北地区当时最大的民用备降机场）

航天部 8358 研究所

天津南开中学周恩来纪念馆

天津工业展览馆

天津钢厂

天津友谊宾馆（新中国成立后天津第一座高层宾馆）

天津新港国际海员俱乐部

**1982—1991年
经典作品**

天津站商业中心龙门大厦

天津邮政枢纽工程

红旗剧院

水晶宫饭店（天津第一个与境外设计机构合作设计项目）

天津古文化街

国际大厦

天津日报大厦

经济联合中心大厦

天津凯悦饭店

中国驻瑞典大使馆

天津中心妇产科医院

川府新村（天津市第一个全国住宅试点小区）

天津站

交易大厦

陕西咸阳体育馆

天津国际商场

天津喜来登大酒店

天津国展中心

拉萨剧院

天津港客运站

天津南市食品街

天津南市旅馆街

1992—2001年
经典作品

天津体育馆

天津科技馆

平津战役纪念馆

周恩来邓颖超纪念馆

天津自然博物馆

天津机场

吉利大厦

远洋大厦

奥林匹克大厦

图书大厦

龙潭浴园

天津市华苑住宅小区（九区规划）

**2002—2011 年
经典作品**

中新天津生态城动漫园

天津市行政许可服务中心

天津眼科医院

滨江万丽酒店

天津数字电视大厦

金皇大厦

泰达国际会馆

天津迎宾馆

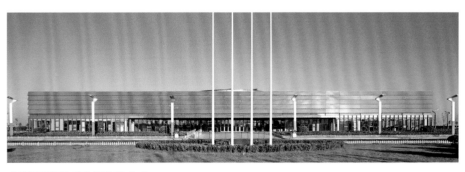

中新天津生态城服务中心

天津市第二南开中学

天津市人民医院

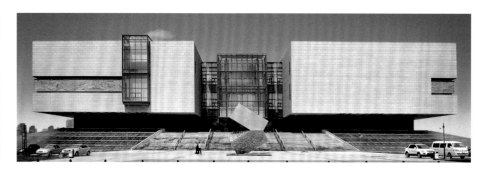

天津港企业文化中心

天津市规划展览馆

天津市建筑设计研究院有限公司 A 座科研楼

滨海国际会展中心

天宾商务中心

厦门嘉庚体育馆

政协俱乐部

南开大学生物试验站

天津近代工业博物馆

中国水利博物馆

国际金融中心

天津中心妇产科医院（新院）

中华剧院

大悲院商业街

天津医科大学总医院

哈尔滨市第十四中学

天津金融培训学院

天津市滨海新区城市规划展览馆

天津市医科大学

天津海运职业学院

附录 2：主持设计及参与改造的中国 20 世纪建筑遗产名录项目

（由中国文物学会、中国建筑学会推介）

马可波罗广场建筑群（改造、第一批）

天津劝业场（第一批）

天津五大道建筑群（第一批）

天津市解放北路近代建筑群（第二批）

天津体育馆（第三批）

天津市马场道干部俱乐部（第四批）

南开大学主楼（第五批）

中原公司（第五批）

天津大礼堂（第五批）

天津日报社（旧址）（第六批）

天津市人民体育馆（第四批）

天津友谊宾馆（第五批）

天津市第二工人文化宫（第六批）

附录 3：2012—2022 年天津市建筑设计研究院有限公司主要获奖项目

全国优秀工程勘察设计奖		
1	天津体育馆	金奖
2	天津市第二南开中学	金奖
3	陕西省咸阳市体育馆	银奖
4	天津港客运站	银奖
5	平津战役纪念馆	银奖
6	华苑居住区居华里小区	银奖
7	周恩来邓颖超纪念馆	银奖
8	哈尔滨市第十四中学	银奖
9	中新天津生态城服务中心	银奖
10	天津铁路客运站	铜奖
11	华苑居住区碧华里小区	铜奖
12	天津图书大厦	铜奖
13	天津滨海小学	铜奖
中国建筑学会新中国成立 60 年建筑创作大奖		
1	周恩来邓颖超纪念馆	
2	天津体育馆	
3	天津市第二南开中学	
4	天津奥林匹克体育中心体育场	
5	平津战役纪念馆	
6	天津铁路客运站	
全国勘察设计行业新中国成立 70 年优秀勘察设计项目		
1	国家海洋博物馆	
2	天津市人民体育馆	
3	天津市第二南开中学	
4	天津文化中心	
5	华苑居住区（居华里、安华里、碧华里）	
6	天津体育中心	
7	天津铁路客运站	
全国优秀工程勘察设计行业奖		
1	天津体育馆	一等奖
2	天津市第二南开中学	一等奖
3	哈尔滨市第十四中学	一等奖
4	中新天津生态城服务中心	一等奖
5	天津市人民医院	一等奖
6	天津美术馆	一等奖
7	天津文化中心总体设计	一等奖
8	天津市泰悦豪庭（即刘庄四期）	一等奖
9	渤海银行业务综合楼	一等奖
10	天津市滨海新区文化中心（一期）项目文化场馆部分	一等奖
11	国家海洋博物馆	一等奖
12	天津市肿瘤医院	二等奖
13	天津铁路客运站	二等奖
14	吉利大厦	二等奖
15	平津战役纪念馆	二等奖
16	天津市金融科技教育中心	二等奖
17	天津中学	二等奖
18	周恩来邓颖超纪念馆	二等奖
19	华苑居住区碧华里小区	二等奖
20	天津图书大厦	二等奖
21	天津滨海小学	二等奖
22	天津国际贸易与航运服务中心	二等奖
23	天津万丽泰达会议酒店	二等奖
24	天津奥林匹克中心体育场	二等奖
25	政协俱乐部扩建工程	二等奖
26	华明镇示范小城镇住宅及配套公建	二等奖
27	天津站交通枢纽前广场景观工程	二等奖
28	邯郸市行政便民服务大厦	二等奖
29	君隆广场	二等奖
30	天津银河国际购物中心	二等奖
31	中国水利博物馆	二等奖
32	天津高新区国家软件及服务外包产业基地核心区 B1-B6 地块	二等奖
33	西青区大寺新家园公共租赁住房项目 D 地块	二等奖
34	天津市津南区双港镇柳林安置一号地住宅	二等奖
35	北辰区大中华橡胶厂地块基础设施建设还迁住房工程（富锦华庭）	二等奖
36	北辰区双青新家园公共租赁住宅项目盛康园（36# 地）	二等奖
37	侯台公园展示中心	二等奖
38	新文化中心	二等奖
39	天津滨海欣嘉园一期工程（7 号地幼儿园）	二等奖
40	天津健康产业园区体育基地一期工程自行车馆	二等奖
41	南开大学新校区（津南校区）图书馆、综合业务楼（东楼）、综合业务楼（西楼）	二等奖
42	天津市环湖医院迁址新建工程	二等奖
43	迦陵学舍	二等奖
44	天津数字广播大厦	二等奖
45	东亚运动会射击馆（天津健康产业园体育基地新建射击馆）	二等奖
46	中国农业银行股份有限公司客户服务中心（天津）项目	二等奖
47	锦程嘉苑三区	二等奖
48	天津市南开中学（滨海生态城学校）项目	二等奖
49	天津电视台梅地亚艺术中心	二等奖
50	天津生态城信息大厦	二等奖
51	国知电力电气产学研基地项目	二等奖
全国绿色建筑创新奖		
1	天津市建筑设计院新建业务用房及附属综合楼工程	
2	中新天津生态城公屋展示中心	
3	侯台公园展示中心	

图书在版编目（CIP）数据

天津市建筑设计研究院有限公司 70 周年纪念作品卷 / 朱铁麟主编 .
—— 天津 ： 天津大学出版社， 2022.10

ISBN 978-7-5618-7322-9

Ⅰ．①天… Ⅱ．①朱… Ⅲ．①建筑设计－作品集－中国－现代
Ⅳ．① TU206

中国版本图书馆 CIP 数据核字（2022）第 186023 号

图书策划：金　磊
图书组稿：韩振平工作室
责任编辑：朱玉红
装帧设计：朱有恒

TIANJIN SHI JIANZHU SHEJI YANJIUYUAN YOUXIAN GONGSI 70
ZHOUNIAN JINIAN ZUOPINJUAN

出版发行　天津大学出版社
地　　　址　天津市卫津路 92 号天津大学内（邮编：300072）
电　　　话　发行部：022-27403647
网　　　址　www.tjupress.com.cn
印　　　刷　北京盛通印刷股份有限公司
经　　　销　全国各地新华书店
开　　　本　889mm×1194mm 1/12
印　　　张　30
字　　　数　648 千
版　　　次　2022 年 10 月第 1 版
印　　　次　2022 年 10 月第 1 次
定　　　价　318.00 元